現象在
一念之間改變

「量子力學式」平行世界的法則

村松大輔

自序

「如果有個和這裡完全不同的世界……」

「如果我過的是另一種人生……」

「如果還有另一個我……」

你曾經這樣想過嗎？

但是很多時候，我們會自己打消這些念頭。

「哪有可能啊，又不是拍科幻片。我就只能活在現實世界裡啦。」

大家應該都聽過平行世界（Parallel world）這個詞。

它也有平行宇宙、平行時空等其他種的說法。

這個詞的概念就是「有其他不同的世界，和你目前所在的世界同時存在」。這聽起來或許令人難以置信，但是在最新的量子論（量子力學）領域，已經陸續發表了很多關於平行世界的研究成果了。

量子力學讓我們能夠學習「看不見的世界」。這個領域的研究內容不斷地翻新，看不見的世界其謎團也正逐漸被解開。因此，我們意識到，眼前所見的物體實際上是多麼地虛幻不實啊。

本書接下來要談論的平行世界，已不再是單純的科幻世界。

平行世界是超越時空存在的世界。

所以，它隨時隨地都可能出現，可以回到過去，也可以前進到未來；不只可以前往，甚至還能改變。

本書的目的就是以簡單、好懂的方式來解釋其中的機制，並告訴大家如何將平行世界應用於日常生活中。

科學是很重視再現性的。例如：發生機率是幾百萬分之一的「奇蹟」，在科學上並不會被視為「偶然」，而是會積極尋找其中的原理和方法、試圖掌握它。

平行世界就是其中之一。只要運用量子力學的概念，任何人、在任何時候、任何地方都可以從現在的世界轉移到另一個世界。由於是轉移到另一個世界，想當然，現實也會徹底地改變。

關鍵字就是「頻帶」和「觀測」（意念）。

我想改變自己。我想改變人生。我想改變自己生存的世界。我想改變命運……

如果你有這些想法，那就一定要翻開這本書。

這麼一來，你的「某些部分」肯定會改變。

不需要覺得「最新的科學聽起來好像很難」。

我在學校裡也教過小學生，這些孩子都一聽就懂。

我會用所有人都能接受的方法來解釋。

在量子力學專家的眼中，我只是在大學讀過量子力學而已，我不是研究員，也沒有發表過論文；我只是從量子力學的特徵得到了啟發，將之應用於現實生活而已。詳情我會在文中加以說明，不過這的確大幅改變了我的人生。不只是我自己，成千上萬的人也像我一樣，通過這種應用改變了現實，彷彿活在另一個世界中。對各位專家日日夜夜的潛心研究，我深感尊敬。

本書是我用自己的方式來解釋最新的科學概念、嘗試實踐的「活學」。各位不要吧它當作是一本「學習量子力學的書」，只要想成是「發揮自我潛力的書」就好了。

沒有必要全部都加以實踐。只要從做得到的事情開始，即便只有一、兩件也好。

我相信在那一瞬間，你會感受到平行世界的大門打開了。請各位用輕鬆愉快的心情讀下去；然後，期待自己在讀完後會有什麼變化吧。

村松大輔

現象在一念之間改變

「量子力學式」平行世界的法則

第1章 量子力學的奇妙

——為什麼現象會瞬間改變？

第2章 平行世界可以來去自如

第3章 平行世界裡會有什麼變化？

第4章 平行世界的深淵

第5章 跳轉平行世界的方法

第1章

量子力學的奇妙

——為什麼現象會瞬間改變？

所有物質都是由基本粒子聚合而成的。
基本粒子具有不可思議的性質，
而它凝聚形成的物質，
也是非常神奇的。
你的身體、你身邊的物體、你周遭發生的事情，
全部都是由神奇的基本粒子所構成的不明確結果。
你可以隨心所欲地改變物質的現象。
這一章要談的就是基本粒子的神奇性質。
你可以發現自己、物質，以及情況是多麼地不確定啊。

我們的身體就像縹緲的雲朵

雖然有點唐突，不過我想請問各位下列的問題：

Q：假如別人撞到你的身體，會發生什麼事？

你可能會踉蹌一下，或是被撞飛，也可能反而把對方撞翻在地。從物理學的角度來解釋，就是「物體施力於你，產生作用力和反作用力」。

那麼，請再回答一個問題。

Q：當手機的電波碰到你的身體時，會發生什麼事？

答案是——直接穿透。

不只是手機的電波，電視機、收音機的電波也是一樣。電視節目和收音機的聲音都會以電波的形態穿透你的身體。同理，YouTube影片、社群網站上的私訊、即時通裡的貼圖，也都會發出無數道電波穿過我們的身體、在空間裡四處交錯。

聽起來很可怕對吧？電波居然會劈劈啪啪地撞上來穿過我們的身體。如果眼睛看得見電波的話，可能還會有人不忍目睹而昏了過去。

電波可以穿過的不只有身體，就連牆壁、玻璃也擋不住，連鐵塊和混凝土都能穿透（但部分電波會被吸進鐵等原子內、無法通過）。手機在房間裡也能收訊，就是這個緣故。

為什麼電波可以穿透身體和物體呢？

因為——事實上，身體和物體都是空蕩蕩的。

「空蕩蕩？我們明明都能用手摸到身體和牆壁啊，怎麼會是空蕩蕩的呢？」

沒錯，所有物質的實體都是空蕩蕩的。

用形象一點的方式來比喻的話，就像是「裊裊的煙霧和雲朵」，或是「3D影像」的感覺。我們看似「確切存在」的物質，從微觀的世界來看都只是一片「縹緲的雲」，可以說是非常「不確切的存在」。

當我們的身體分解成粉末以後會怎麼樣？

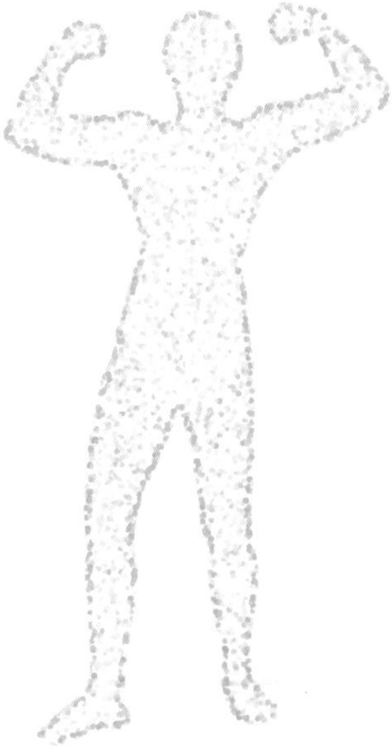

舉例來說，請各位看看你的手掌。可以看見皮膚對吧，敲一敲手也會發出聲音。

那「空蕩蕩」究竟是什麼意思？

我們的身體是由微小的細胞聚集而成的，數量多達三十七兆個。皮膚、肌肉、骨骼、內臟、紅血球……人體所有部位都是細胞的集合體。

那這一個個的「細胞」是處於什麼狀態呢？

我們的肉眼看不見細胞，只能用顯微鏡來觀察，於是發現細胞是由更小的「分子」所組成。分子的大小為○・○○○○○○一～○・○○○○一公釐左右。

接著我們來觀察一個「分子」。普通的顯微鏡無法觀察分子，要改用原子力顯微鏡；結果發現，分子居然是由更小的「原子」組成。

原子包含了氧、氫、碳等種類繁多的元素，大家在國中理化課應該都學過吧。順便一提，我們的身體就是由碳、氧、氫、氮、鈣、磷、鉀等原子所組成的。

我們已經把人體分解成「原子」了。

那「原子」的內部又是什麼狀態呢？

我們在理化課上學到的是：「原子的內部有原子核，周圍環繞著電子。」

這種形態實在有點出乎意料。我們可以用下面這句話來形容原子的結構——

原子的內部是個空殼。

如果一個原子的大小像東京巨蛋球場那麼大的話，那原子核就是位於中央的彈珠；而更小的電子則會在廣大的空間中自由移動。儘管只有一個電子，但它會超高速運動，不斷地出現和消失，使整個空間呈現朦朧不清的狀態，就像是一朵雲，所以稱為「電子雲」。

這就是「原子的世界」，其內部幾乎是空的，空蕩蕩的。

儘管有再多的原子集合在一起，它依舊還是空蕩蕩的。所以我們的實體就是像空蕩蕩的、縹緲的「雲」那樣。

基本粒子是物質的最小單位
意識和情感也是基本粒子

前面已經看完分子和原子的世界了，而分子、原子內，更加微觀的世界則屬於「量子力

我們的身體組成

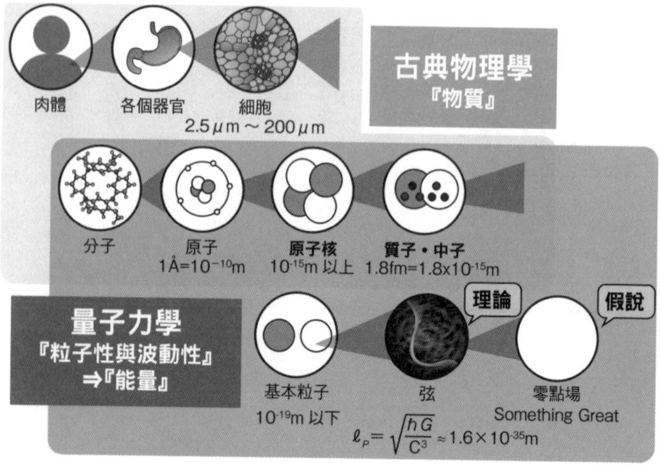

學」的範疇。接下來就讓我們進入「基本粒子的世界」。

原子內部有「原子核」。

原子核是由質子和中子組成。質子和中子裡有：上夸克和下夸克跑來跑去；原子核的周圍則有不規律活動的電子。

這些**上夸克**、**下夸克**、**電子**就是所謂的基本粒子。

基本粒子是無法再繼續分解的最小單位，是「粒子的基本」，所以才命名為基本粒子。

除了我們的身體外，這本書、桌子、牆壁，只要把物質不斷地分解下去，最後都

微觀物質的世界

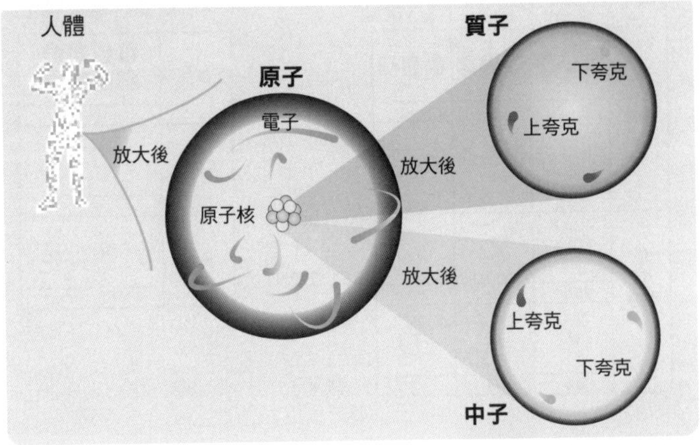

微觀基本粒子的世界

會得到基本粒子。

也就是說，所有的物質都是由基本粒子凝聚而成的。順便一提，我們的「意識」和「情感」也是基本粒子，大家聽了應該很驚訝吧。

稍後會再詳細解釋，這裡先簡單地舉個例子來說明。當你感到「高興」時，身體會釋放出「高興」的基本粒子；「生氣」時，就會釋放出「生氣」的基本粒子、向外擴散。

基本粒子共有十七種，大致可以分為：構成物質的**費米子**，和傳遞能量的**玻色子**，這兩類。

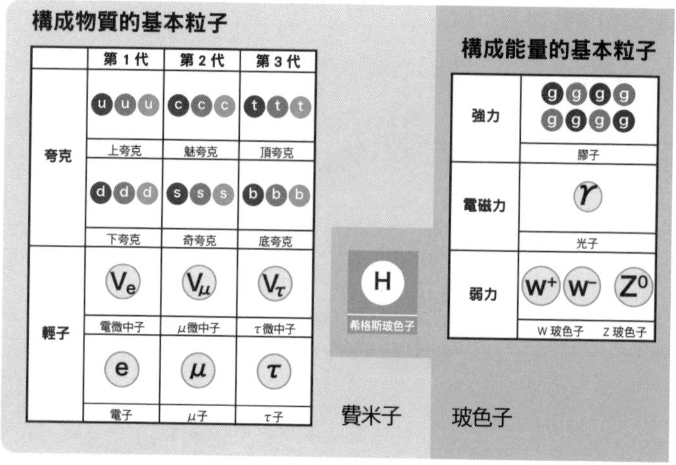

	第1代	第2代	第3代
夸克	u u u	c c c	t t t
	上夸克	魅夸克	頂夸克
	d d d	s s s	b b b
	下夸克	奇夸克	底夸克
輕子	V_e	V_μ	V_τ
	電微中子	μ微中子	τ微中子
	e	μ	τ
	電子	μ子	τ子

H 希格斯玻色子

強力	g g g g / g g g g
	膠子
電磁力	γ
	光子
弱力	W^+ W^- Z^0
	W玻色子　Z玻色子

上夸克和下夸克、電子都屬於**構成物質的基本粒子**。

另一方面，能量的基本粒子也包含了**光子**。光子是光的成分，它也算是本書的「主角」。後面會再詳細談論光子，總之我們的身體、物質、發生的情況，全都受光子的深度影響；或者更正確地說，光子才是孕育出物質和現象的「關鍵」。

構成我們身體的基本粒子具有超越常識的性質

順便一提，本書是以幾乎相同的含義使用「基本粒子」和「量子」這兩個詞。嚴格來說兩者並不一樣，但解釋起來會脫離本書的主旨，所以這裡就統一說成「基本粒子」。量子力學就是說明「基本粒子」活動的學問。

在科學家發現基本粒子並深入研究後，漸漸釐清這是一個傳統物理法則無法解釋的「超越常識的世界」。因此，基本粒子必須和過去的「古典物理學」分開來思考，這就是「量子力學」。

那麼，基本粒子是哪裡超越了常識呢？

例如：在我們的世界裡，時間是過去→現在→未來的直線連續過程。但是基本粒子裡不存在時間，也不存在地點，會理所當然地發生**一個電子同時出現在多個地點**的情況，輕易地使出**出現在現在，也同時出現在過去和未來**的把戲。

基本粒子還會變身。原本是粒子狀的電子，會變成波動，又變回粒子，而且會在人觀看它的瞬間變身。簡直就像是會讀取意念、配合人心來活動一樣。

在認識了基本粒子這種神奇的性質後，連號稱是「世界奇蹟」的現象，也會讓人瞬間覺得「沒什麼」了。

我們是由基本粒子構成的，所以當然也會發生這種神奇的現象。因此才會有人說「只要應用量子力學，就能引發奇蹟」。

本書就是根據這個概念寫成的。

「穿梭於平行世界」或「現實瞬間改變」這樣的現象，可能會讓人覺得太離譜、太脫離現實了。不過，只要瞭解了基本粒子超越常識的性質後，反而會認為這些現象是非常有可能發生的。

為何物體空蕩蕩但卻無法穿透？

如果說「我們的身體是空蕩蕩的」，一定會有人想反駁。既然是空的，那為什麼物體無法穿過我們的身體呢？

解釋起來雖然有點像是在上課，不過我還是說明一下吧。這是因為**原子具有排斥力**。請大家看下圖。

原子中心的原子核帶有**正電**，而在原子裡飛來飛去的電子則帶**負電**。所以，在原子裡可以維持平衡的電中性。

例如打棒球時，球棒可以砰地一聲把球打出去。

從量子的觀點來看，這是「負電」互相排斥的反應。球棒和球都是由許多原子組成的，因此會形成巨大的排斥力，進而出現「球回彈」的現象。物質是空蕩蕩的，卻又無法穿透，就是因為有負電之間相互排斥的作用。

既然原子與原子之間有相互排斥的作用，那為什麼組成物質的原子不會散開呢？這都多虧了原子裡有光子飛來飛去的緣故。光子擁有電磁力能讓原子相連、保持在團塊的狀態。

我們的身體會釋放出光子

光子就是「光的基本粒子」。

當我們看見陽光或光線時，都會覺得很刺眼吧！這是因為光的粒子飛進我們的眼睛裡。

光也能穿透窗戶的玻璃照進來，這就是光子穿過玻璃的現象。可以在家裡使用手機也是同樣的原理，電波（電磁波）可以從室外穿過窗戶或牆壁進入屋裡。

在25頁提過「意識和情感也是光子」。這是新銳理論生物物理學家弗里茨・阿爾伯特・波普（Fritz-Albert Popp）提出的最新理論。

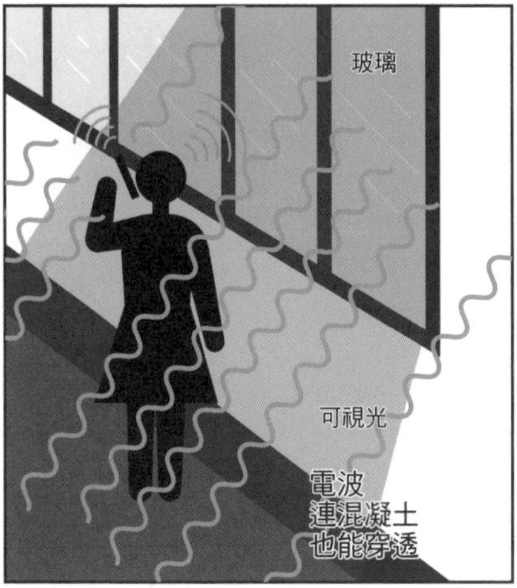

波普博士說：

「我們的身體會釋放出一種叫『生物光子』的基本粒子，這就是我們的『意識』。」

意識和情感都是肉眼看不見的，不過從量子力學的觀點來看，「光子」會從身體飛散出來。

當我們感到「高興」時，全身就會散發出「高興的光子」；覺得「生氣」時，就會散發出「生氣的光子」。

如果用形象一點的方式來解說的話，我們的身體是一片縹緲的電子雲，只要一感到「高興」，灰色的電子雲就會閃爍出粉紅色的光，讓粉紅色的光子波動往外擴散；只要一覺得「生氣」，電子雲就會變黑，往外擴散出黑色的光子波動。電子雲的顏色只是一種比喻，實際上的生物光子並沒有顏色，但光子的波動會以固定的頻率向外傳送。

我們會接收對方的光子

各位有過這種經驗嗎？

只要身邊有個心情惡劣的人，連你也會跟著暴躁起來。

這是因為對方的「生氣光子」往外擴散的緣故。我們的實體是一片「縹緲的電子雲」，所以只要接收到對方的黑色電子雲，就會跟著逐漸染黑，因而感到暴躁。

反之，如果待在心情非常興奮的人身邊，你就會跟著高興起來吧。這也是同樣的道理，你身體中電子雲內的光子與對方釋放出的「高興光子」同化了。

我們都以為自己是**十分扎實的物質**，但事實上我們只是像波動一樣的存在，所以很容易就會受到別人的波動影響。

電波具有頻率，且大小並不固定，就像各個電視台的頻率是不一樣的，以日本關東地區來說，NHK的頻率是五五七兆赫，日本電視台則是五四五兆赫。只要頻道配合該頻率，就能收看到該電視台的節目。

網路和手機的無線Wi-Fi運用的也是同樣的原理。用Wi-Fi配合頻率才能連上網路、看YouTube或抖音，或是從雲端下載檔案。如果Wi-Fi沒有配合好頻率，那麼不管手機的性能再強，也完全派不上用場。

我們和電視、手機一樣，會接收任何人發出的光子頻率。

本書的主題「平行世界」，也跟頻率有著密切的關係。你可以跳轉到符合你頻率的世界。電視頻道只要轉到第一台，就符合ＮＨＫ的頻率、可以收看ＮＨＫ的節目。而你身上發生的現象就跟這個一樣。在符合你頻率的世界這些現象就會發生，像是遇到的人、工作、金錢，或是所產生的情感，這一切都會在那個頻帶裡發生。

下一章我將會詳細解釋平行世界的原理，在這裡大家只要先認識到這件事就夠了。在這之前，我會繼續談論基本粒子的有趣性質，請各位再多忍耐一下喔。

電子是粒子也是波動，依狀況變換形態

前面提過基本粒子超乎常識，其中一個現象就是它具有「變身」的性質。

這一點已經透過實驗證明了，它會從**粒子**變成**波動**。

實驗中使用了電子槍——一種只要按下開關就會射出電子的裝置。前方設置了螢幕，以便確認電子是否確實往前飛。

科學家在實驗前先建立了一個假說：

「如果電子是粒子那麼就會筆直地飛過去、在螢幕上留下痕跡。」

而結果也不出所料。這場實驗證明了**電子是粒子**。

接下來，如下頁的插圖所示，在電子槍和螢幕之間放一塊**有兩道細縫**的板子，以此來限

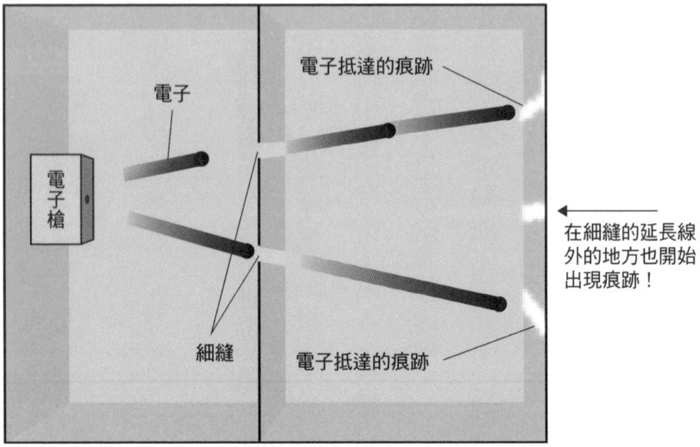

制電子的活動範圍。

如果電子是顆粒的話，那麼應該就只有細縫往前延長的地方會出現痕跡。然而，在細縫延長線以外的地方居然也開始出現電子的痕跡了。

為什麼會出現這種現象呢？

科學家推測這可能是**電子變成波動**、穿過了細縫。

從槍口射出的時候還是「粒子」，但卻在某個未知的時間點變成了「波動」，穿過細縫，打在螢幕上。

也就是說，電子會變身。

因此，實驗證明電子具有「粒子」和「波動」兩種性質，且會依狀況來變換。

只要觀測就會現身神奇的基本粒子

為什麼會出現這麼神奇的現象？

在二〇〇六年的一場實驗中，有個驚人的大發現。

這場實驗的目的是要確認**基本粒子會如何因應觀察行為而出現改變？**實驗方法和上一頁相同。

觀測者站在一扇具有細縫的屏風後，閉上眼睛等候暗號。接到暗號才睜開眼睛，觀測電子。

大家知道發生什麼事了嗎？

當觀測者一睜眼，原本是波動的電子瞬間變成了粒子。

這就代表基本粒子會根據有無觀測者來改變形態（現象化）。

在睜開眼睛以前
全都是波動

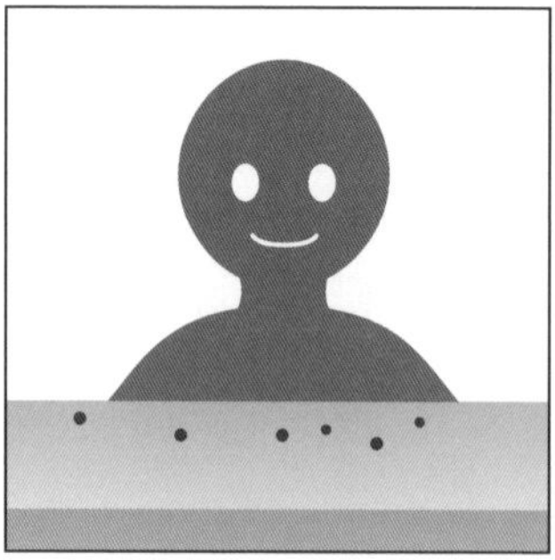

睜開眼睛後
全都是粒子

這就像是我們小時玩的「一二三木頭人」一樣，只要睜眼一看，電子就會瞬間變成凝固的粒子。

至於為什麼會這樣，由於解釋起來會變得很艱澀，所以本書直接省略；但不管如何，這個神奇現象真的就發生了。

基本粒子會因為觀測而顯現成為現象。

關於這點我要先稍微說明一下。在量子力學中，有個理論叫作「哥本哈根詮釋」。

電子在原子裡會毫無規律的旋繞，無法預測它會在哪裡出現。你以為它出現了卻又消失，它甚至會同時出現在不一樣的地方，簡直就是神出鬼沒。

然而，隨著研究的進展，科學家已經逐漸釐清電子「經常出沒的地方」和「不常出沒的地方」了。

雖然電子是如此地「神出鬼沒」，但只要換個角度看，就能把它想成是：在很大的範圍內是有分身存在的。既然基本粒子是「波動」的話，會出現這種情況也就很合理了。波動不像粒子一樣，只有一個，而是以擴散的狀態存在的。

平常是「分身」的狀態，但只要一觀測它，它就只會出現在觀測到的地方，這就是量子力學的標準解釋。

我經常使用「只要觀測，出現的機率就會接近1」的概念來說明這個現象。事實上，這個概念背後的原理就是這個理論。

成為理想中的自己，是量子力學的常理

只要觀測，出現的機率就會接近1。

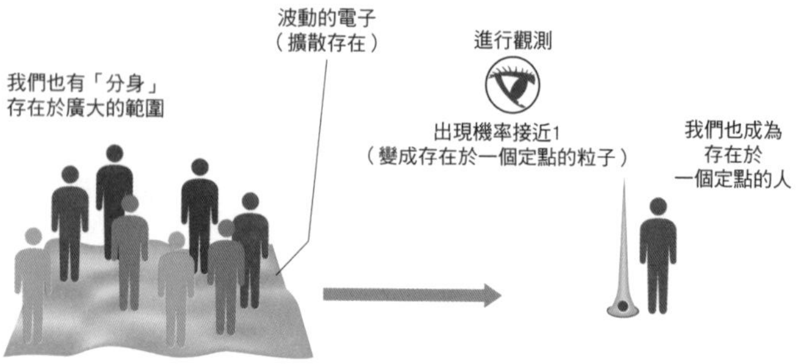
我們也有「分身」
存在於廣大的範圍
波動的電子
（擴散存在）
進行觀測
出現機率接近1
（變成存在於一個定點的粒子）
我們也成為
存在於
一個定點的人

換句話說，就是——有意念就會現象化。

例如：我們擁有各式各樣的潛力，只要用某種意念來觀測自己的潛力，它就會在這個意念下出現。

上面就是示意圖。

其實，有很多個你的分身存在於廣大的範圍中，在你有意念的瞬間，你就會根據這個意念而出現。

擁有各種潛力的你，是以分身的狀態存在的。只要觀測其中一個潛力，該潛力的出現機率就會接近1，使得有這個意念的你「出現」。

或許你會覺得這是胡扯，不過，從基本粒子的角度來看，這可是常識。畢竟我們的存在是如此地不確切，能夠成為「想成為的自己」，在量子力學上是理所當然的事。

生活在物質世界的我們，只會將眼睛看得見的事物當作「現實」，其實，在看不見的世界裡，才有能夠推動我們的真理。

零點場是所有基本粒子的起源

然而，基本粒子又是從哪裡來的呢？

在這本章的最後，我要談的是——零點場。

雖然這裡有個「零」，但並不代表什麼都沒有。那是個充滿能量的場域。「零」是引用自絕對零度（零下二七三度），藉此想像出一個「寂靜的世界」。匈牙利科學哲學家鄂文・拉胥羅（Ervin László）博士認為，在那個場域裡沒有熱能，但是擁有「龐大的能量」。

目前科學家推測，基本粒子就是來自零點場（假說）。

光子、電子、夸克都是來自零點場。意識和情感也都是「光子」，所以同樣來自零點場。

零點場可以說是包含我們在內、世界萬物的起源。

愛因斯坦也曾建立過「能量場」的假說，指的就是零點場。

那麼，零點場到底在哪裡呢？

零點場遍布於整個宇宙。它就在你眼前，也在你體內，同樣也存在於原子之中。雖說原子的內部是空的，但裡面卻是充滿了能量。

零點場並不是一個特定的場所，而是涵蓋整個宇宙、宛如大海般的存在。

平行世界就層層堆疊在零點場裡。

詳情會在下一章分曉。

第2章

平行世界可以來去自如

平行世界是什麼？

這可不是幻想或小說裡才有的世界。

我們一直都在並列存在的

平行世界之間來來去去，

只是你沒有察覺而已。

你可以改變自己目前置身的世界。

只要改變「觀測」和「頻率」就可以了。

了解這其中的原理，人生就會大幅改變。

平行世界就是頻帶

本書的主題「平行世界」，是以量子力學的「多世界詮釋」理論為基礎。

這個理論主張世界不是只有一個，而是還有其他世界的存在。你在那裡過著「不同於現在的生活」；而且，其他的世界不只有一個兩個，而是有無數個。

這並不是科幻片或小說裡的情節。從量子力學的觀點來思考，這是「可能的現實」。

我們身邊有各種頻率的電波來回交錯，但是沒有人可以看見這些波動，也沒有人能夠感受到這些電波。這些電波會穿越我們的身體，但我們卻一點也不覺得痛，甚至沒有任何感覺。雖然看不見、沒有感覺，但實際上手機、電視、收音機、網路等的各種電波，都是以各自的頻率在我們身邊交錯經過。

你平常是怎麼接收這些電波的呢？

沒錯，就是「對上頻率」。

例如：按下搖控器的「1」，讓電視機的頻率對上557MHz後，就能收看到NHK的節目；按「6」對上527MHz的頻率後，就能收看TBS的節目。

這個原理就是特意（對上頻道）收看節目；反過來說，如果沒有特意為之，就算節目的電波經過你身邊，你也看不見。

平行世界也是一樣的道理。

你的「觀測」或「意念」，就是一種對上頻率的行為。

即使你沒有這個意思，也會自然變成這樣。

如同上一章談過的，我們的實體就像是一片縹緲閃爍的電子雲，其中有光子的波動來來去去，所以我們每一個人都是有頻率的波動。

壞事接二連三，那是因為你都在做壞的打算

我們存在於自己所觀測到的頻帶，在這個世界裡引發現象。

舉例來說：如果你觀測到「感謝」，那麼「感謝的頻率」就會出現，並釋放出這個頻率的波動；此時你就處於「感謝頻帶」的平行世界裡。就像對上ＮＨＫ的頻率即可播放出ＮＨＫ的節目一樣，在「感謝頻帶」裡，你所感謝的事情就會現象化。反之，如果你觀測到「生氣」，那麼「生氣頻帶的平行世界」就會顯現，導致令你生氣的事情現象化。

倘若你老是想著「我好窮，我想要錢」的話，「缺錢頻帶的平行世界」就會顯現，使得「我好窮，我想要錢」的狀態現象化。

各位應該都曾想過「我都這麼努力了，為什麼還是沒有回報呢？」吧。其實我也曾經這樣想過，當時的我身心狀態破敗不堪，工作和人際關係都墜入谷底。

至糟糕到開始責怪自己「都已經這麼拚命了，怎麼還會淪落到這個地步」。但如今我已經明白原因了，因為當時的我活在「自責的頻帶」裡，才會接二連三地發生會讓我自責的現象。

美國普林斯頓大學的休・艾弗雷特（Hugh Everett）博士曾經說過：

「觀察者只能觀察到與其主觀世界相關的世界，與之無關的世界是觀察不到的。」

我舉個例子來說明好了。假設你的公司裡有個最高機密，非相關人士都無法看見這份儲存在雲端的情報。但是，只要知道密碼就能看見。

平行世界也是一樣。存在卻看不見；但是只要連上了線，就能夠看見。

「感謝的世界」、「生氣的世界」、「幸福的世界」，這世上有各式各樣的平行世界存在；全都是由在我們眼前交錯卻看不見的電波所組成。但只要對上了頻道，就可以連線。

那要怎麼做才能對上想要的頻道呢？

要透過「觀測」或「意念」。觀看自己期望的事物、沉浸於其中。

只要這樣做就可以了，比用手機連上YouTube還要簡單。

不過，要是觀測或意念不夠明確，頻道就會對不上；就像我們無法同時收看NHK和TBS的節目一樣。如果沒有清楚確定自己想要「看○○」或「做○○」，就無法連上該頻帶。

只要觀測，出現的機率就會接近1，代表這是明確的物理現象

「觀測」或「意念」就是**將意識投向目標**。這也是「發射光子」的動作。

只要觀測，也就是藉由「發射光子」這個動作，目標出現的機率就會接近1。

如果無時無刻都在觀測，發射的光子量就會增加，機率就會更接近1。有強烈意念、明確意念的時候也是一樣。倘若心中有所猶豫或懷疑，就會發出不同頻率的光子；但只要意

念清楚，光子就會集中。

日本自古即有「信者能獲救」、「只要祈求就能實現」、「言靈」等的說法。這些與「實現願望」有關的詞語之所以流傳至今，就是因為親身體驗過的人很多吧。但卻沒有人能夠說明為什麼會有這種現象。不過，量子力學解開了背後的謎底。

只要觀測或產生意念，光子就會投射到「那裡」，使發生的機率接近1。

考慮到基本粒子的性質，這是自然的法則、理所當然的現象。

「那裡」是哪裡？就是基本粒子的起源，零點場。

如果你滿腦子想著「不可能」，「不可能光子」就會發射到零點場，使得「不可能」的出現機率越來越接近1，最後就變成「果真不可能」。如果你想著「我肯定沒問題，這很輕鬆」，「我肯定沒問題，這很輕鬆」出現的機率就會越來越接近1，結果就變成「輕而易舉，完全沒問題」。

現象會因為你觀測到什麼、有什麼意念而改變。這是基本粒子所引發的自然法則，和你相不相信這無關，是物理現象。就像即使你不相信智慧型手機，但一樣可以使用它一樣。

空間之謎。平行世界在哪裡？

那麼，平行世界究竟在哪裡呢？一言以蔽之，它就在「這裡」。它在你的眼前，也在你的體內。這一切全都堆疊在**零點場**裡。

這麼說的話，肯定會有人問：

「裡面放得下那麼多的平行世界嗎？」

全世界大約有八十億人，每一個人都在好幾個平行世界裡穿梭。假設一個人有一千個世界，總共就有八兆個世界。當然有人會懷疑是否真的能夠容納數量如此龐大的世界了。

而我的回答是：「目前還沒有滿出來啦。」

其實，就算是最先進的科學，也沒能解開「空間」之謎。

好比說「黑洞」，它是個連光也無法逃脫的高密度、高重力「天體」。我們連這個天體周圍的「空間」都還沒有完全釐清。

我們生活在三次元的世界，但據說，基本粒子的弦是用**十次元**在震動的。這種空間的結構充滿著未解之謎。

話說回來，空間本身也是起源於零點場的，所以它的大小根本無法估量。

體驗平行世界的你會何去何從

平行世界是以什麼方式存在？由於它有頻帶和「帶」，因此可以想像成像左圖一樣，有好幾個世界並列。

實際上，平行世界都堆疊在零點場內，所以會與周圍一帶混在一起。把它想像成「同時並行的世界」會比較容易理解。

頻帶上有【過去】【現在】【未來】

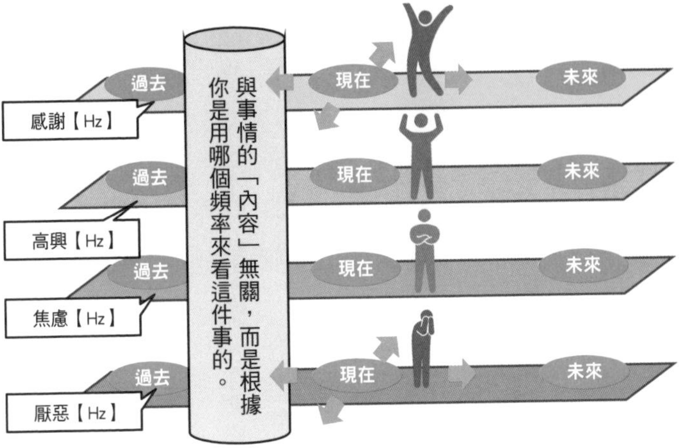

示意圖雖然只畫出了「感謝Hz」、「高興Hz」、「焦慮Hz」、「厭惡Hz」這四個世界，但事實上還有更多的世界，且會依頻帶來分類。

你會根據觀測到什麼、有什麼意念而轉移到那個頻帶上。

用量子力學的觀點來解釋，就類似後面例子裡的結構。我們來模擬體驗一下吧。

在你的面前有好幾扇門，分別是「感謝的世界」、「高興的世界」、「焦慮的世界」、「厭惡的世界」……你可以任意選一扇門走進去。

這時你想要走進「感謝的世界」裡。這

一瞬間，頻率就會切換、將你移到感謝頻帶上。在那個世界裡，你會因為「感謝Hz」的能量而實體化。不管你在看什麼、想什麼時，都會散發出「感謝光子」的粒子，這股波動逐漸向外擴散，於是「感謝」顯現為現象的機率便會接近1。

這和時間、地點都沒有關係，也沒有「過去」和「未來」，只有「現在・這裡」。過去「討厭的感受」也不存在於這裡，你會變得能夠「感謝」所有的事情。

或許你自己並沒有察覺到，但是用量子力學的觀點來看，我們的世界就是這樣運作的。

平行世界可以改變過去和未來

我要稍微談一下我的親身體驗，是關於我和母親的事。

雖然我上面還有個姊姊，不過我是家裡的長子，非常受到母親疼愛。父母愛護小孩或許是理所當然的事……但母親總會把我心儀的女孩子批得一文不值，告訴我「別跟那種女生交往」、「她會帶衰你」之類的。於是我漸漸開始想要疏遠母親。我也會在回顧過往時，想起母親在哪個時候阻撓過我談戀愛，進而覺得母親很討厭。

我在二十七歲時遇見了一位讓我有結婚念頭的女性。當然，母親表現出極力反對的態度，但我還是毅然決然地決定結婚，所以才有我現在的太太。

我在心理上一直疏離母親。不過，這個狀況後來卻徹底改變了。

我到醫院陪我太太生產時，將她拚命生下孩子的身影與我的母親重疊在一起，心想「媽也是像這樣拚命地生下我的吧，太偉大了……」那一瞬間，我對已經疏遠的母親變成只有滿心的感激。小時候被母親懷抱的溫暖、微笑、溫柔的呼喚，全都歷歷在目。從此以後，我只要一見到母親，就幾乎要落淚。在母親抱起我的孩子時，我甚至還泣不成聲（笑）。

我實在是感激到無法自拔。

我的世界在那一瞬間改變了，從「厭惡Hz」切換到「感謝Hz」。

我的過去和未來也都一併轉移到「感謝的平行世界」了。

轉移到平行世界時，另一個世界的我會怎麼樣？

我要再為這段經歷補充一點。

我和母親都存在於「現在‧這裡」，這個事實無法改變。改變的是「現象」。

如果我繼續留在「厭惡Hz」的平行世界裡，母親就會作為「討厭」的存在而現象化。未來我也會覺得「討厭她不准我結婚」、「討厭她寵溺孫子」，而越來越討厭我的母親。但是我轉移到了「感謝Hz」頻帶，現象就改變了。神奇的是，不只是我，母親也會改變。她的言行舉止都像是換了一個人似的。我認為這是因為我用「感謝」的心態觀測母親的緣故。我將「感謝光子」發射給母親，也把母親轉換成「感謝Hz」，「感謝」才會顯現成為現象。

然而，待在「厭惡Hz」頻帶的我又會變成什麼樣子呢？

由於我沒有觀測那個頻帶，所以那個世界並不存在，不過它依然保有「可能性」。要是我再度觀測到「討厭」的話，「厭惡Hz」的世界就會出現。

平行世界在觀測以前都不會出現，只會在觀測到的那一瞬間出現，它就是以這種形式存在於零點場內的。世界的數量不是一個或兩個，而是同時有好幾個存在，會不時出現或消失。我們就是在這之間穿梭、走完人生的。

意念是一種物理量，越大的意念就越容易現象化

總是處在「感謝Hz」頻帶的人，會安穩地留在「感謝的世界」裡，值得感謝的事物或情況便容易現象化。反之，老是處在「厭惡Hz」的人，則會安穩地留在「厭惡的世界」裡，使得討厭的事物或情況容易現象化。

能夠解釋這個法則的一個關鍵是「意念是一種物理量」。這是頂尖醫療新聞記者琳恩・

麥塔嘉（Lynne McTaggart）女士提出來的說法。

「物理量」三個字聽起來好像有點難，不過只要把它當成單純的「分量」就行了。意思就是它可以測量。

她曾經說過「意念也有分量，可以計算」。

我聽到這句話時，有種豁然開朗的感覺。因為我相信現象會因為意念的強度而改變。如果「意念是物理量」的話，那現象當然會改變。舉例來說，我們往牆壁丟「一百五十公斤的鐵球」和「一公斤的鐵球」，較重的鐵球造成的衝擊會更強。因為物理量越大，呈現出的現象就越強烈。

接著我要稍微談一點專業的理論。波動的能量可以用下列公式表現：

$$E = h\nu$$

E是能量，單位是焦耳〔J〕。

h是普朗克常數「6.6×10^{-34}」。由物理學家普朗克（Max Planck）提出。

ν是頻率，單位是赫茲〔Hz〕。

這道公式代表什麼呢？

代表的是「**頻率越大，能量越大**」。

由於意念是「光子」，所以可以用「Hz」來表示分量。

這就意味著「100Hz的意念」和「1億Hz的意念」，顯現出來的現象完全不同。

往牆上砸一顆乒乓球並不會打破牆壁，但砸一顆鐵球肯定就會留下痕跡了。

同理，「意念的物理量」當然可以改變現象，這道公式說明的就是這個道理。

發射出100Hz「希望能達成」的光子，與1億Hz「肯定能輕易達成」的光子，所造成的現象當然不同（數值僅供參考）。

而且，能夠不斷地釋放出固定光子的人，頻帶（平行世界）當然也會更穩定。

願望沒有實現，代表意念的物理量不夠

我曾經向日本宇宙航空機構JAXA的專案總監津田雄一先生，請教過小行星探測計畫「隼鳥2號」成功的祕訣。這項計畫的任務是採集小行星的地質樣本，是個集科學技術之精萃的大業。

得到的答案卻出乎我的意料之外。他說祕訣就是——強烈的希望。

參與這項任務的人並非沒有特別的想法，而是懷著**縝密計算的意念**。在縝密的計算下，規劃出五十二億公里的總飛行距離、細緻地因應各種問題，藉由來回需要二十分鐘的電波訊號進行縝密地控制，以此掌控精確的飛行路徑……最終，取得的成功。

總而言之，就是「意念的物理量」非常大。

這在「實現願望」方面或許已經是陳腔濫調了，但實際上「許了願卻沒有實現」的情況

或許還比較多吧。我自己也是，對於目標越是渴望，就越會因為理想與現實之間的落差而受苦，不斷地傷害自己。

為什麼許了願，卻沒有實現呢？如今我已經知道答案了。因為我的意念太混亂了。自以為「意念的物理量」已經很充足了，但裡面還是摻雜了太多雜念，老是想著「以前就算許了願也沒有實現……」或是「果然還是辦不到」等等，滿是過去的失敗經驗和自己的無能。

包含潛意識在內，我的內在有太多「不可能」、「辦不到」的意念。這些意念在不知不覺中散發出「不可能光子」和「辦不到光子」，把我留在這個頻帶裡。所以「不可能」和「辦不到」才會陸續顯化成現象。

這種狀態與「隼鳥2號」的例子截然不同。

並不是只要有觀測、有意念就好了。

重要的是「縝密地觀測」或是「沉浸其中」。如果在這一步有一絲的猶疑，那就會陷入「進退兩難的頻帶」，引發進退兩難的現象。

有著坎苛人生者的共同點

到目前為止，我透過演講和讀書會向將近六萬人傳遞了「用量子力學改變人生」的概念，參加的大多都是「想改變自己」、「想改變人生」的人。

我很重視對話，因此在這些活動上並非只有我單方面說著話，因為透過對話可以察覺對方內在的「問題根源」。

過程中，我發現有些共同的「問題根源」。其中一個是對父母的否定心態。不論親子之間的感情再怎麼融洽，很多人還是會對父母存有潛在的「無法饒恕」心態。

有這種心態的人會用「生氣」的角度來聽上司、前輩、老師等「親近長輩」說話。即便只是普通的對話，他們也會發射出「生氣光子」，讓自己轉移到「生氣Hz」的頻帶，使「生氣」顯化成現象。

基本粒子具有「一顆就能形成場域」的性質。它會從那個場域發出波動，與相同頻率的波動產生共振，讓彼此連繫在一起。

因此，一顆「生氣光子」可能會吸引到很大的憤怒。要避免這種情況就只能調適自己。第五章會再介紹詳細的做法。

光子沒有壽命，我們的意識會永遠留存

我們是基本粒子的集合體。肉體是由上夸克、下夸克組成，內部有意識與情感的「光子」飛來飛去。

我在第一章談過基本粒子有十七種，不過每一種粒子的壽命都不同。例如μ子，其壽命是「2.2×10^{-6}秒＝2.2微秒」，只有0.0000022秒，所以瞬間就會死亡。τ粒子的壽

命更短，只有「2.90×10^{-13}秒」，也就是只能活0.00000000000029秒。相反地，電子的壽命卻長達「6.4×10^{26}年」，即640000000000000000000000000年。地球的歷史有四十六億年，所以電子的壽命比地球還長。

那光子的壽命呢……？想不到吧，光子的壽命居然是「永恆」。

也就是說，即使肉體已死，光子組成的「意識」還是會永遠活下去。德川家康的意識、澀澤榮一的意識也依然存在。你祖母的意識、祖父的意識，甚至是遠古的祖先意識，都依然存在。

當然，你所釋放出的光子也會一直存在下去。

這就是所謂的「靈魂」，我們就等到第四章再來詳細說明吧。

第3章

平行世界裡會有什麼變化？

平行世界就在我們眼前，
每個人都可以任意轉移。
在轉移的瞬間，發生的現象將出現巨大的變化，
不論是金錢、工作、愛情、人際關係，還是健康……
這一章要介紹只能說是「奇蹟」的真實故事。
不過，如果從量子力學的觀點來看，
那並不是奇蹟，而是常態。
這一切都可以視為是「自然的法則」。

野村教練的教導也包含了量子力學的觀點

前陣子，我有機會和職棒阪神虎隊的矢野教練談話，當時他告訴我一件事：

「我剛剛突然想到，當我還在當球員的時候，野村克也教練叫我要去『感受』。

可是……很多事情我根本看不到，但野村教練卻都能看得一清二楚。比如說他在板凳區嘟囔著：『下一球是指叉球』，結果投手真的投出指叉球。當他說：『要起跑了』，壘上的跑者真的就拔腿盜壘了（笑）。

我當時就想這人是怎麼了，我根本看不出來會有這些動作啊。

我一直在想到底是為什麼？他是怎麼看出來的？於是我開始思考投手現在會有什麼感受、現在打者心裡在想些什麼之類的問題。從那個時候開始，雖然還到不了『看得見』的程度，但我已經可以在冥冥之中『感受』到了。

好比說，我曾經在球賽只差最後一個出局數的情況下上場打擊。一上場看到投手時我就知道他怕得要命，但其實我也很怕自己打出雙殺打啊！

明明是個致勝的良機，但我卻把它當成危機。

當我意識到這一點後，提醒自己『是對方要感到害怕才對，放膽揮棒吧！』結果我就打出再見安打了（笑）。」

矢野教練的故事，從量子力學的觀點來看也是相當有意思的。

野村教練教會他的是如何在球賽現場「解讀場上的頻率」，他用「感受」這個詞來教導當年還是球員的矢野選手。

而矢野選手能夠打出「再見安打」，也是因為從「害怕Hz」轉移到「上吧Hz」的頻帶。

如果他還是繼續待在「害怕Hz」裡，就打不出致勝一擊了。

或許就是因為矢野教練在球員時代已經懂得「感受場上的頻率」，如今才能在歷經重重辛苦但仍繼續致力於提升選手水準、成為阪神虎的教練吧。

事情的結局，都是自己預先決定好的。你觀測了什麼、轉移到哪個頻帶，造成的現象或結果就會截然不同。

家庭分裂、母親和自己的病情……一位自責女性的故事

我要講一個故事，主角是山野井利江女士，五十五歲。

我約是在一年半前認識利江女士的，當時她正處於難以自行步行的狀態。即使能從輪椅上站起來，但在沒有拐杖的情況下也無法向前走，因為在她的脊椎患有三種難治之症。

利江女士是單親媽媽，和三個女兒、被宣告只剩兩個月壽命的罹癌母親同住，家庭狀況慘不忍睹。她自己的說法如下：

「我女兒有非常嚴重的暴力傾向，好幾次都鬧到警察上門關心。她大聲怒吼著：『我要殺

了你』，接著就傳來有人倒下的聲音、玻璃破掉的聲音，還有尖叫聲。鄰居大概是擔心再這樣下去恐怕真的會有人死掉，所以才會報警吧。我嚇得魂都沒了，因為太害怕自己會被殺掉，不只是菜刀，我連筆都不敢放在桌上。

我的女兒們對彼此都恨之入骨，也不把我當母親看待。雖然跟先生已經分開了，不過在這之前，女兒也曾經被他家暴過，不管是精神上還是身體上……看著寶貝女兒遭到虐待，卻什麼忙也幫不上。所以女兒會恨我也是沒辦法的事，畢竟這一切都要怪我。

女兒們似乎有心理疾病，我也因為脊椎問題而無法行走。我媽是個很能忍耐的人，直到有一次實在痛到受不了了才去看醫生，結果醫生卻告訴她已經回天乏術了。

三個女兒原本都是乖孩子。我先生是長子，也是個老實人。是我毀了一切，都是我的錯，是我太沒用才會弄成這樣的。我想過要彌補，但卻什麼也做不了。母親的病情之所以會惡化，也都怪我沒能早點發現。

累積的痛苦越來越多，我已經不知道該怎麼辦了。

我曾經想過，不如我先殺了孩子再自殺吧。但女兒應該是察覺到我的想法了，居然對我說：『我才不要跟妳這種人一起死，要死也要先殺了那傢伙再說。妳自己去死吧』……」

利江女士的故事十分悲壯。她說就是在那時候，她發現了我的YouTube。

「我不擅長念理工和數學，但卻可以馬上明白村松先生所解釋的量子力學現象，一聽就懂了。我想說這個人或許可以救我。很想見他一面，我的人生或許會因此而改變。雖然我連一步也走不動，但心情卻像抓到救命的稻草，一心只想要改變現狀，所以才會聯絡村松先生。」

在真心慰勞自己的那一瞬間，現象開始改變了

利江女士後來拄著從不離手的拐杖，步履蹣跚地來參加我的讀書會。

我沒騙人，她在第一次參加完讀書會後竟然忘記自己還有拐杖要帶走，就這麼跟著大家走了出去，過了一會兒才發現自己把拐杖忘在會場裡了。

利江女士回憶當時的情景，說：

「我完全沉浸在現場所散發的活力中，連從不離身的拐杖都給忘了。我真的忘記自己其實無法走路。當時的我每幾個小時就必須躺下休息，否則身體會撐不住，但卻在會場裡坐了一整天，還沒拿拐杖就離開，走路去搭電車回家……居然發生了這麼大的奇蹟。」

後來，她的家庭狀況逐漸好轉。原本互相憎恨的姊妹漸漸開始懂得尊重彼此，甚至開始溫柔地關心利江女士，對她說：「媽，妳不用那麼拚命啦」、「休息一下吧」、「要多愛惜自己喔」。原本醫生宣布只剩兩個月壽命的母親，也精神奕奕地多活了兩年，直到前陣子才過世。利江女士現在也不需要拐杖就能走路了。而且，她還蓋了期盼已久的新房子。

她只花了一個月就讓狀況煥然一新，之後也繼續穩定地好轉，就這麼過了兩年。

這故事聽起來有夠假，我反而還不好意思講出來。但這全都是真人真事。

利江女士從頭到尾只做了一件事，

那就是將「自責頻率」轉成「慰勞頻率」。

因此，她所在的頻帶（平行世界）也得以改變。

她身上究竟發生了什麼事呢？這裡就引用她自己說的話吧：

「村松先生告訴我：『我們的身體都是空蕩蕩的，裡面包含了過去成長環境的粒子，有父

母、兄弟姊妹、朋友、老師等各式各樣的粒子。妳的身體裡應該充滿了焦慮、悲傷、痛苦的粒子吧。所以錯的並不是妳，只是在這個環境裡妳承受了太多的痛苦感受而已。妳不需要自責，而是要撫慰自己，因為一路下來妳真的很努力了。好好慰勞自己，儘量稱讚自己吧。妳可以愛惜自己喔。』

聽到這番話後，我號啕大哭，我終於能夠坦率地相信自己真的很辛苦，相信一路走來自己真的很努力了。然後我就覺得肩上的重擔一下子輕了許多。

那一瞬間……可能就是在我能夠真心安慰自己的那個瞬間，世界就改變了也說不定。」

我當時告訴利江女士：「別人和妳的關係，就是妳和妳自己的關係。如果妳不珍惜自己，別人也不會珍惜妳。」這句話似乎說服了她。她原本待在「自責Hz」的頻帶裡，那是個會讓她不斷用「都怪我」、「是我沒用」這些話來傷害自己的世界。在那個世界發生的現象全都只會傷害她，連她最愛的女兒也會傷害她。她不斷地傷害自己，結果就生病了。

然而，在她轉移到「慰勞自己Hz」的頻帶後，現象就一鼓作氣地改變了。

轉移平行世界後，為什麼別人也會改變？

聽完這個故事，或許會有人想問：

「為什麼利江女士的頻帶改變後，連女兒也一起改變了呢？」

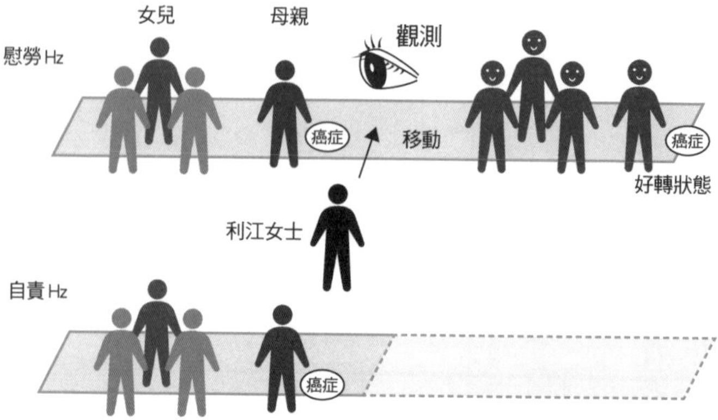

重點就在於**頻帶**和**觀測**。

這個部分有點難，我簡單說明一下。

不論置身於哪一個頻帶（平行世界），人事物都不會消失。

利江女士不論是在「自責Hz」還是在「慰勞Hz」，這兩個頻帶裡都有女兒和母親存在，母親也都有癌症。

當利江女士轉移到「慰勞Hz」、在那個世界觀測女兒時，「會慰勞利江女士的溫柔女兒」出現的機率便會接近1、顯化成現象。在她觀測母親時，「會慰勞利江女士、病情好轉的母親」出現機率也會接近1、顯化成現象。

換句話說，人事物都會以那個頻帶特有的形式現象化。

利江女士偶然發現我的YouTube，也是因為她有「想要改變現狀」的意念，於是她在那個當下轉移到了平行世界。那個世界有我所發出的波動，才會把她吸引過來。

這就是平行世界的其中一個運作原理。

重建人際關係、業績提升了四十倍

接著我想講一個把業績翻了四十倍的女性故事。山下純子女士（化名，五十歲）是個有二十年化妝品銷售經驗的資深銷售員。雖然她的業績很穩定，但曾經有好幾年的時間她的表現相當低靡，且在人際關係上也有很大的問題。她就是在那時候認識我的。

山下女士給我的第一印象是體態豐腴但似乎沒什麼自信，我認為她應該會更活潑才對。不過，從結果來說，她成功地從谷底翻身了。她的業績直線上升，在兩年後的現在已經增長了四十倍之多。豈止是翻身，簡直是扶搖直上了。而且，她還當上了期盼已久的「青年銷售員讀書會」主辦人，成為深受消費者喜愛的「王牌銷售員」。

在山下女士身上究竟發生了什麼？這裡就讓她來現身說法：

「登門推銷需要單打獨鬥，成果會依個人努力和能力而定。不過，如果只是靠自己毫無章法的任意行動，那也很難達成銷售目標，還是需要公司和同事的幫忙。出乎意料的是，推銷也需要一股『無形的力量』。一帆風順的時候我們不會發現這股力量的存在，但在遭遇挫折時，就能體會到這股力量有多大了。我自己就有過這樣的經驗。

我是公司裡最資深的銷售員，過去的業績也很漂亮，還負責帶新人。但從某個時期開始，我的業績就開始往下掉；在身邊一起工作的人，工作熱忱也一天不如一天，原本很努力的人不是失去幹勁，就是離職。

當時的我實在是想不明白為什麼會變成這樣，只是一味地認為是同事吃不了苦或是抱怨大環境太糟了，將所有的問題都往外推。業績依然每況愈下，人際關係也越來越緊繃，就在這煩惱的過程中我出現了憂鬱的症狀。

那時，我偶然發現村松先生的YouTube，在『東大畢業生談量子力學！』的影片裡有一句話深深吸引了我——身邊所發生的一切事情無一不受自己所發出的波動的影響。這時我才恍然大悟，原來，業績不振的原因可能就出在我自己身上……」

阻擋周圍的波動就會限制自己的潛力

山下女士還接著說道：

「當時我和兩位同事有人際關係上的問題，我只要看到他們就覺得很討厭。現在我已經明白了，那是因為我全身上下都散發著『厭惡』的波動。」

山下女士說的沒錯，低潮的原因就是她自己。

其實我在聽她娓娓道來的時候發現，除了「厭惡情緒」外，還有其他因素導致她陷入低潮。那就是她堅持「獨自奮鬥」的態度。長久以來她都是單槍匹馬上陣的，所以這也沒什麼好奇怪的。跟交往的男友分手、因業績不佳而承受巨大的壓力，這些都是造成山下女士一直處於孤立狀態的原因。

「努力」就是「鼓起力量」。努力本身沒有錯，但要是讓自己「漲滿了力量」，那就再也容不下周圍的波動了。這種情況通常會導致低潮。

為了讓山下女士察覺這一點，我便試著問她，家裏的父母和老一輩的親人都從事些什麼工作。她表示祖父是里長、父親創業做生意的等等。因此，我告訴她：

「他們都是行動派的人，應該都很重視人與人之間的聯繫吧？妳會從事銷售的工作，並在這方面有所成就，或許也是受到前幾代人的影響。」

山下女士聞言後，臉色一變。

「我好像忘了一件很重要的事。我一直以為自己是單打獨鬥，所以凡事都只關心自己的處境。連推銷的工作也是，明明要有客人才能賺錢，但我卻只在乎自己的能力，一直都覺得自己的推銷手法已經很成熟了，實在沒有理由賣不出東西啊！話說回來，我也好一陣子沒有去掃墓了，要趕緊回去才行。」

從此以後，她的狀況就徹底翻轉了，不只是業績大幅提升，還能和前面提到的兩位同事聚餐。

山下女士說：

「我一直都受到父母、祖父母，還有客人的愛護。多虧那兩位同事讓我看清了這一點。還有，我也發現其實自己很喜歡逗人家笑。所以，我對他們只有滿心的感謝。」

山下女士轉移到「愛的頻帶」了。在那個世界裡，她大概接收到祖先發出的波動吧。無論如何，她的業績都翻了四十倍了，完全可以合理地推測這其中有無形的力量在幫助她。

原本挫折連連的事業開始逐漸好轉

接下來我要講一個從「發憤圖強Hz」轉移到「重視心意Hz」因而翻轉人生的小老闆故事。他叫片岡健吾（化名，四十八歲）。

片岡先生繼承家業，經營一家汽車修理廠。現在開車的人變少了，車子也鮮少故障，公司的業績不是很好。對於要不要開拓新業務，片岡先生十分猶豫。就在此時，新冠疫情爆發了，公司都快撐不下去了。他召集全體員工，宣布：

「公司的前景非常嚴竣，如果我賣掉房子，至少還發得起退休金。但在走到這一步前，我想嘗試一項新業務——專修中古車。我想為古董車注入新的生命。如果成功的話，就能在這個業界開拓出新展望。我認為這項業務很適合日本人愛惜物品的特質。」

然而，這番話卻引起員工們的猛烈反彈，許多人不相信這樣可以賺錢，便陸續辭職了。

最後，公司只剩下三名職員。片岡先生回想起當時的情況如是說：

「根本沒有客人上門，我們只能掃掃地。因為上班很閒，所以我就全心全意做村松先生教的『讚美自己』和『幸虧轉換』（笑）。剛開始我也每天都去掃墓，就是求個心安吧。後來案子就慢慢地一件接著一件上門了，實在是很感恩。畢竟客人願意委託我們、讓我們『重新賦予愛車生命』，我們可不能半途而廢啊！」就在那時候，我接到一通電話。

電話那頭是當地電視台的導播，他們有個「團結抗疫小公司」的節目企畫，不知為何選中了片岡先生的公司。節目播出後引起很大的迴響，甚至還有客人從外縣市遠道而來。同時，也接獲一個來自大學教授的意外邀約：

「我覺得您的事業對地球環境非常友善，想請問您是否願意和我一起做研究？」

片岡先生對自己的際遇是這麼說的：「這真是個奇蹟呢！經營依舊不輕鬆，未來也無法預知，但員工增加了，我並不想擴大經營，只是想將顧客託付給我們的心意連結起來，這就是我想做的事情。過去只是靠著意志力來經營公司，但現在我認為重視自己的想法是很重要的。

幸運的人為何能觀測到看不見的事物？

片岡先生的經歷應該也是因為轉移了平行世界才會發生的。

雖然他可能是轉到了「重視心意Hz」，不過也可以看成是進入了修復中古車的「延續生命Hz」，才讓公司的壽命得以延續。

無論如何，他都成功獲得了「幸運」。

俗話說「打掃可以改運」、「廁所有廁神」，這些也都可以視為「重視心意Hz」或是「延續生命Hz」的行為。只要頻率改變，就會連結起過去完全沒有交集的人。以片岡先生來說，就是大學教授和電視台。而原本努力卻沒有回報的事，也都得到了好結果，我將這種現象稱作——渡りに船（成語，意思是困難時得到幫助或是遇到好的機遇）。如果用轉移平行世界的概念來思考，就能理解這種現象了。

我們的世界「充斥著看不見的東西」，就像是緊閉眼睛活著的狀態。在這個狀態下，觀測什麼，這點就變得非常重要。

觀測到「心意」和「延續生命」的片岡先生，最終得到了幸運。他至今依然每個月開三十分鐘的車去掃墓。儘管看不見，但卻十分重視自己與那裡的聯繫。他這麼說道：

「我比以前更細心、認真去做眼前的工作，總覺得這樣才不會吸引到負面的能量。就像村松先生曾經告訴過我，一流的人會珍重自己，而我正在〈重視心意Hz〉裡。我重視人，也重視車子，所以才能得到別人的重視。」

透過「讚美自己」來跳轉平行世界

這裡我要談談比較實踐性的話題，就是「讚美自己」和「幸虧轉換法」。

不只是片岡先生，山野井女士和山下女士也都實踐了這兩個方法。後面介紹的各個故事的主人翁也都把這兩件事當作例行公事。

首先是「讚美自己」。

做法非常簡單，就只是稱讚自己而已。

不管稱讚自己什麼都可以，芝麻小事也沒問題，什麼事都可以稱讚。

例如：我早上刷牙了，我很棒、我在車上讓座，我真了不起、會覺得路邊小花很美的我真好……等等，稱讚的範圍沒有任何限制。

人生路上越是不順遂的人，越不擅長讚美自己。前面的山野井女士一開始也說「我沒有值得稱讚的地方」。但是在我看來，她能稱讚的地方可多了。因為她有「低估自己的傾向」和「自責的傾向」，宛如全副武裝般，這就是她的頻率低落的原因，但她本人並沒有察覺。

日本人大多一板一眼，平常在家裡、學校或公司總是挨罵「這個不能做！」「你為何要這樣做？」老是被挑剔。日積月累，原有的自由都漸漸受到束縛。我們的身體是由基本粒子組成的，要是觀測到「毛病」，基本粒子的頻率就會下降，讓自己身處低頻帶。

「讚美自己」就是恢復你原有的波動。每天稱讚自己，你的頻率就會上升，頻帶也會跟著上升。當頻率上升後，就容易察覺到細小的變化，直覺也會變得更加敏銳，例如會因為「不知怎麼的有種不好的預感，所以還是算了」而停止做某事。高頻率代表波動十分細緻、頻繁，才會讓感覺變得如此靈敏。

透過「幸虧轉換法」撤離平行世界

不論你想要待在什麼樣的平行世界，只要還活著，就一定會有悲傷、悔恨、遺憾。

這時候，你會怎麼做呢？

責怪別人，或是責怪自己，這是大多數人會有的反應，但這也是頻率下降的原因。這會讓你留在低頻帶的平行世界裡。

「幸虧轉換」就是把「都怪○○」，轉換成「幸虧有○○」。

舉例來說，「都怪那傢伙害我失敗」可以換成「幸虧我失敗了，才有成長的機會」。

各位聽說過經營之神松下幸之助嗎？我認為松下先生其實是個「幸虧轉換」的箇中好手，我們來稍微聊聊他的故事吧。

松下幸之助先生在小學四年級就去當學徒，他是因為家境貧困才去工作的，薪水直接就寄給父母。他還體弱多病。即使如此，他依然白手起家、創立了松下電器（Panasonic）。

松下先生在多年後談到他經商成功的理由有三個：

①家裡窮。

②學歷低。

③常生病。

但大多數人都會把這三點當作「不成功的理由」吧？

因為家裡太窮才沒錢念書、因為沒有學歷才進不了好公司、因為老是生病才無法工作。

但是，擅長「幸虧轉換」的松下先生是這麼想的：

①幸虧家裡窮，我才懂得惜物。

②幸虧學歷低，我才能虛心討教。

③幸虧常生病，我才能委託別人代勞、作育英才。

是不是很厲害呢？肯定是這些想法提高了松下先生的頻帶。或許他本人並不知道量子力學和頻率，但各位可以刻意嘗試看看。

一個每天都想死的男人找到自己使命的故事

我們再回到經驗談吧。接下來我要說的是藤原和照先生（四十四歲）從「憂鬱世界」轉移到「希望世界」的故事。

藤原先生原本是消防員，在四十歲那年罹患了憂鬱症。他從很久以前就覺得自己不適合當公務員，所以在職期間一直都會投資股票和不動產。

他因此有了一定程度的積蓄，但辭職卻不是那麼簡單的事。他跟組員的感情相當深厚，況且他也還沒決定好未來的展望，家裡又有妻小要養。就在此時，他投資失敗了，原本的積蓄幾乎歸零。

對當時的狀況，藤原先生的說法是：

「那時覺得沒辦法辭職了。而且禍不單行，體力也難以再繼續承擔外勤任務了，所以被調去坐辦公室。但是我很不擅長文書工作，一直覺得好煩啊，好想辭職，可是又辭不了……每天煩惱到失眠，身體的狀況越來越差。我的大腦也開始失控了。

有一次我搭上雲梯車，發現我在三十公尺高的雲梯上居然有想要跳下去的念頭，頓時毛骨悚然。我得了憂鬱症，雖然留職停薪，但在家裡還是整天都想死。

有一天我下定決心要死了，一腳跨到公寓的陽台外面，卻看到有對男女經過、剛好停在陽台正下方。如果我跳下去，就會連累到他們。這一刻成了我人生的轉機。」

轉移平行世界、遇見天職

在醫生的介紹下，藤原先生來找我諮詢。

他住在九州福岡，因為非常害怕人群，還特地買了新幹線最尾端的座位，就這樣一路搭到了東京，卻又沒辦法轉乘擁擠的一般電車，最後用走的來到我位在信濃町的學校。

藤原先生表示：「我跟村松先生談話時，他告訴我『不管是討厭的地方還是沒用的缺點，全都是你這個人的一部分。光是出生、長大、生活、出現在這裡，僅僅只是存在著，就是件很棒的事。』

一開始我還在想這人好奇怪喔，完全搞不清楚他想表達什麼。但是在我瞭解了量子力學的概念、多次聽村松先生說我是個很棒的存在後，就開始能相信自己真的很棒。我的心理負擔瞬間一掃而空，感覺憂鬱症好了。然後也真的確定已經治好了。

之後，我越來越愛自己，也能夠外出面對人群，會想要嘗試新的挑戰。就算失敗了，我也能笑著肯定自己已經努力過了。」

後來，藤原先生終於找到堪稱是「天職」的工作。

這份工作可以歸類為「次世代生物科技」。本書無法詳細說明，總之是一種整合農業和漁業的新技術。根據藤原先生的說法，「這個技術能做到在沙漠裡養殖魚類」。雖然讓人搞不清楚內容具體是什麼，但顯然是可以改變地球與人類未來的革新技術。藤原先生用閃閃發亮的眼神這麼說道：

「或許在我有生之年還無法實現這個技術，但我在死裡逃生後遇到了這樣的事業，這大概就是村松先生常說的——平行世界的渡りに船現象（參考84頁）。

念高中的兒子還說想跟我一起打拚，所以我用他的名字開了公司，因為這個事業可能沒辦法在我這一代就完成。不過，我真的很慶幸自己當時沒有死，幸好我忍住恐懼搭上新幹線去見了村松先生。

畢竟我的心臟、我的細胞都在叫我『活下去』啊。皮肉傷會自然痊癒，頭髮也會一直生長，這些都是我的生命持續在延續的現象，真的很不可思議。所以我下定決心，要按照自己想要的方式活下去。」

一對從誤解、衝突到身心靈都得到滿足的夫妻

接下來要介紹的故事是一對幾乎要離婚、最後卻破鏡重圓的夫妻。他們是住在沖繩的邊土名健（四十七歲）先生與太太廉（四十六歲）。

阿健和廉是經由辦公室戀情結婚的，夫妻倆婚後繼續工作，並育有三個兒子。阿健在老家旁邊蓋了房子當作新家，在外人看來他們就是個幸福美滿的家庭。

可是，夫妻之間卻出現了鴻溝。隨著年紀增長，他們終於開始認真考慮是否要離婚了。夫妻感情並沒有不好，也不會吵架，只是心靈已經不相通了。兩人都異口同聲地表示「我們就像是活在兩個不同的世界裡」。對於當時的情況，廉太太表示：

「我覺得問題出在我身上。我高中和大學讀的都是機械科，也在鐵路公司上班，一直都在男性社會裡打滾。我會擺出盛氣凌人的態度、想著『絕不能輸給男人』，總是很在意別人的評語，也在無意間嚴格對待自己。

當時我的價值觀就是『努力』、『氣勢』、『毅力』三合一（笑）。因此眼中只看得見自己。直到大兒子出現狀況、開始頻頻上醫院後，我才發現這就是『問題』所在。他看的是身心科，醫生問我『症狀是從什麼時候開始的？』我卻答不出來。

當時我驚覺自己完全不關心兒子。我不知道他們的好朋友是誰、在學校學些什麼、當天發生過什麼事、會為什麼事情開心、為什麼悲傷，我通通都不曉得。後來才知道我先生雖然察覺到兒子的異狀，但卻沒有餘力處理。我認為是我害兒子生病的，覺得在這樣下去會徹底毀掉兒子的身心狀況。我被迫面對這個現實，才終於醒悟過來。」

而先生阿健則表示：

「我原本二十四小時都在執勤，一個月有三分之一在公司、三分之二在家裡，會跟太太漸行漸遠也是在所難免。老實說，見不到面也就罷了，但心理上的距離讓我覺得很寂寞。我太太也經常去參加自我啟發的讀書會。當時我還覺得匪夷所思，但現在我明白了，她應該是『好勝心很強』吧。

但當時我並沒有察覺，連一句肯定她的話都不曾對她說過。我自己的心思也不在太太身上。在她提議離婚時，比起驚訝，我反而覺得不意外。或許離婚對我們彼此來說都比較好吧。老實說我當時想過這樣可以輕鬆一點，但是考慮到孩子，就還是想儘量避免離婚，所以才會那麼煩惱。」

置身於不同的頻帶卻造成相同的結果？

邊土名夫妻大概是住在同一個屋簷下，卻活在不同的頻帶裡吧。廉太太位在「不認同Hz」，先生阿健在「死心Hz」，兒子們則在「困惑Hz」，各自待在不同的頻帶裡。

從不同的頻帶觀測同一件事，得到的觀點會截然不同。

例如：廉太太看到阿健「不認同自己做的事情是正確的」、「不明白自己所說的話」，所以「離婚」才會現象化。

另一方面，阿健對廉太太則是覺得「不管我說什麼都沒用」、「隨便妳」，覺得她「遠在天邊」，於是「離婚」就顯化成為現象。

雙方處在不同的頻帶，結果同樣引發了「離婚」的現象。不過幸運的是，這對夫妻在離婚前察覺到彼此的「問題」，明白對方散發出的不同波動、活在不同的頻帶裡。

這一瞬間，他們全家開始有了大幅度的轉變。

夫妻倆轉移到了同一個頻帶，開始建立全新的關係。他們經營的咖啡廳生意興隆，如今已成為許多顧客解放心靈的「休息場所」。

廉太太這麼對我說：

「學了量子力學以後，我才明白這一切就出在我發出的波動上。我要做的不是用別人的價值觀來評斷自己，而是聆聽自己『真實的心聲』。

結果，很神奇，我們的夫妻關係也跟著改變了。

例如：我對我先生說『量子力學很厲害欸』，然後把書遞給他。如果是以前，他只會敷衍我一句『好像很有意思』就算了。但當時他卻看了書，還表示他也想去村松先生的讀書會看看，然後就真的跑去東京了。真把我嚇了一大跳呢。

聊天時也是，他原本只會默默地聽我說，現在卻會回話說『哦，是這樣啊』，還會同意我的觀點。跟他聊天變得非常有趣，可以用最自然的態度和他相處真的很放鬆。說來有點害羞……我們的身心都變得甜甜蜜蜜了（笑）。

我們一起經營的咖啡廳也會關心客人的狀況，讓客人能夠輕易地訴說煩惱。就像我們的人生突然有了一百八十度的轉變一樣，我希望我們可以在沖繩推廣量子力學式的生活型態。」

咖啡店的名字叫 Agarintera，據說這是老家的屋號，會取這樣的名字是因為想用「像東方升起的太陽照耀著顧客」的感覺來接待客人。提供能理解客人所處的「背景」，及放鬆固守頻率的環境，並對客人說：「辛苦了」、「你已經很努力了」。

最後，阿健還這麼告訴我：

「我們就像是一座香檳塔，上面的杯子裝滿香檳後，就會流到下面的杯子裡。先認同自己，讓自己充滿了愛，才能將滿出來的愛分給其它人，讓身邊都充滿了愛。所以，我們的店裡滿是客人的愛，簡直就是愛的平行世界。」

從親子失和、工作不順變成心懷感恩照顧母親的女性

我要再說一個女性的故事。她叫作仲川良子（化名．四十四歲），在消除了長年與父母之間的芥蒂後，終於能夠心懷感恩地照顧母親。

仲川小姐是在一個富裕但家教十分嚴格的家庭裡長大，她所經營的美容院也是由雙親全額資助開設的，所以她常會覺得虧欠父母。對自己選擇不婚不育的人生也會感到愧疚，工作上更是基於「對父母的歉意」不得已才做的。

她自己的說法是：

「美容院剛開幕時我還很年輕，日子過得光彩動人。可能是失去新鮮感了，漸漸覺得店開得有點吃力了。我爸媽不只出錢也出一張嘴，很愛管我怎麼經營。久而久之，我變得很討厭父母，後來好像也開始討厭起自己了……每天都過得無精打采，老是覺得不想活了、

好想從這個世界上消失。

但是，我還是想要跟母親建立起穩定的關係，心裡想著難道我就不能跟媽媽培養出沒有爭吵、可以一同歡笑的關係嗎？

就在那個時候，媽媽的癌症復發了。父母的關係失和，媽媽的脾氣又很硬，即使癌症復發也沒有示弱，表現得非常要強。當時我在書店看到村松先生《「自分発振」で願いをかなえる方法》這本書，有種命中註定的感覺，於是就買下來了。我想要改善跟母親的關係、讓母親的心境變得祥和，於是便一個人默默實踐了書裡教的『感謝記事』和『讚美自己』。也多虧這些事，我才想起母親以前是怎麼疼愛我的。最後，我可以坦率地告訴母親『我愛妳，我一直都很尊敬妳，幸好我是妳的小孩，謝謝妳把我生下來』。母親也回我『原來妳是這麼想的啊，謝謝妳』然後抱緊了我。說我們親情滿溢或許有點膚淺，但我真的覺得好溫暖、好開心，真是溫馨又幸福。

這是我第一次透過改變自己的頻率成功地改變了關係。

我讓母親明白我對她的愛，好好地與她告別之後，才去參加村松先生的講座。在我兼顧學習與工作的生活中，除了與母親之間的矛盾外，我也察覺到雖然我也非常尊敬父親，但卻常常忽視他的存在。我曾經覺得自己不被人疼愛、是個累贅。不過，現在這一切都已經轉移到「感恩」的平行世界了。

這一瞬間我才恍然大悟，原來我是被愛著的，我大可活下去。有了這些感受後，原有的痛苦全都轉變成值得感謝的事。幸虧有那些痛苦的經歷，我才會有今天，不論是那時還是現在，都已經充滿了愛的振頻……我這才能沉浸在愛與感謝中。」

從截斷Hz到連結Hz的那一瞬間 便開始吸引支持者

這真是一段很棒的故事呢。

基本粒子不受時間和空間的侷限，所以會像仲川小姐所經歷的那樣，過去會突然顯現在眼前，而頻帶就在那一瞬間改變。

我在第二章已經提過，只要平行世界一改變，過去也會改變。仲川小姐是藉由接觸過去，從「我是累贅」的頻帶轉移到了「我有價值」的頻帶。

從此以後，她的生存方式、引發的現象也就都改變了。

在她從累贅這個「截斷Hz」，變成有生存價值的「連結Hz」時，美容院的營業額就上升了一．六倍。

我們再來聽聽看她是怎麼說的：

「之前只想著要是自己能幸福就好了，甚至不敢奢望自己能得到幸福，只是覺得能和伴侶在一起就已經足夠了。但現在，看到別人開心我也會感到很開心，然後銷售額就突然飆升起來了。

我這才明白，這應該就是村松先生說的『喜悅也會帶動經濟能量』吧。

上門的客人其實並沒有增加太多，但我覺得忠實顧客倒是變多了。感覺得出來他們是喜歡我，所以才會來消費的。客人上門的次數增加了，還會選購高價位的套裝服務，最棒的是和客人之間的對話變多了。我感覺到有更多的客人在享受完店裡提供的服務後是帶著愉快的心情離開的。

和員工的關係也很好，當然，跟伴侶也是。我們兩人下個月還要在店裡舉辦『從身心兩方面愛護自己、調理自我』的讀書會。」

仲川小姐最後還為我說了一段話：

「如果大家有一丁點想要改變自己的念頭，不要遲疑，就去試試村松先生教的方法吧。你的世界在那一瞬間就會改變了。」

苦命人的變化格外劇烈

大家在聽了這些轉移到平行世界後所發生的奇異故事後，有什麼感想呢？

這一章列舉了七件真人真事，但實際上還有更多的例子。

總而言之，人生過得越苦的人，變化就會越劇烈，感覺就像是一次飛越了好幾個階段的平行世界。

我對這種現象的解讀是：痛苦到快要撐不下去的人，只要有一件事情好轉，就會覺得輕鬆很多。所以他們會不停地接受相關的建議並付諸實行，就像在酷熱的豔陽下喝水會覺得特別解渴。

根據我的經驗，原本會把平常發生的所有事情都以「都怪○○」的方式來應對的人，一旦開始將想法轉換成「幸虧有○○」後，大概一個月，整個人就會有如脫胎換骨般煥然一新了。

從量子的觀點來看，就是從灰色的光子波動變成了五彩繽紛、閃亮耀眼的狀態。

當然，頻帶也會隨之改變。只要轉移到「愛Hz」，身邊就會圍繞著令人高興的發展、值得感謝的人、療癒心靈的事物。倘若繼續留在「憎恨Hz」裡，身邊則會充斥著令人焦躁的發展、討厭的人、不好的事物。

很久以前，人們並不知道地球會自轉，也不知道人類是從猿進化而來的；但現在這些已經是常識了。同理，大家都知道肉眼看不見的基本粒子的原理、認為平行世界是常識的日子，或許也不遠了。

下一章，我會把焦點放在前面沒能說明的神奇現象，帶大家追尋看不見的世界的真相。這樣各位對於平行世界的存在就會更有真實感。

第4章

平行世界的深淵

我們是一道波動。
當兩道波動互相碰撞時，會怎麼樣呢？
人死後還會留下波動嗎？
若是用量子力學的觀點來解釋，
不論是吸引力、靈魂，還是投胎轉世，
所有現象都能得到合理的說明。
只要了解這個自然法則，
就能清楚看見平行世界。

愛的頻率為什麼這麼高？可從波動的性質來解釋

平行世界就是頻帶——前面我已經多次重複強調過了。

我也說過頻帶有「高低」之分。例如「愛Hz」偏高，「憎恨Hz」偏低。

不過，應該有人會懷疑這樣的說法；你怎麼知道「愛Hz」偏高？

這是最常見的質疑。實際上沒有人測量過「愛Hz」和「憎恨Hz」，所以並沒有數據可以佐證。不過，有些科學家和知名的企管人士會宣揚「愛的頻率最高」。而且，從波動的性質來看，是可以解釋「愛Hz」是屬於較高的頻率。

這裡我先簡單說明一下「波動」。話說波動到底是什麼？

它是一種反覆升降的現象。這時「波峰」的高度（或「波谷」的深度）稱作「振幅」，「波峰＋波谷」的長度稱作「波長」。

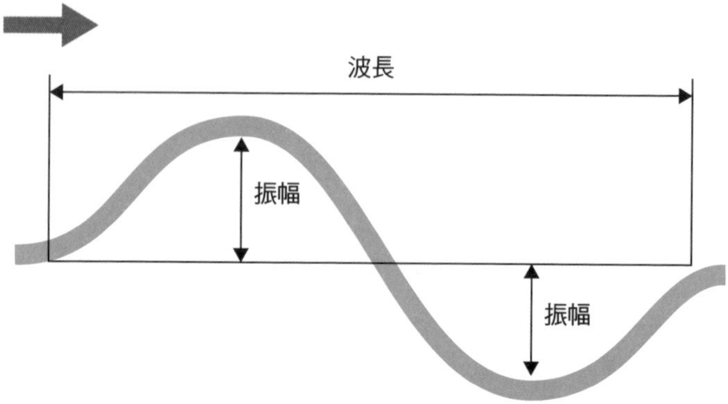
波長
振幅
振幅

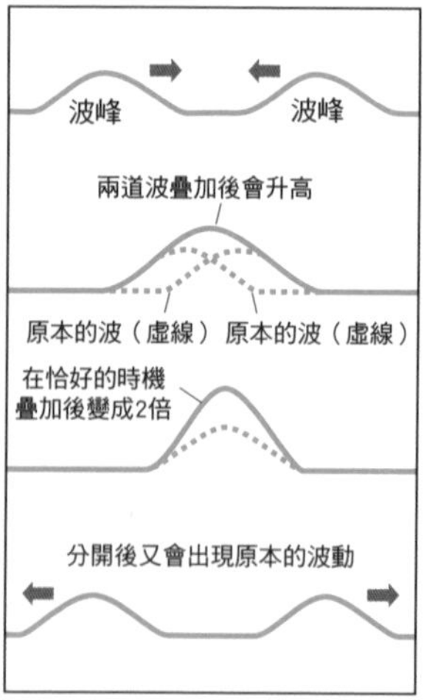
波峰
波峰
兩道波疊加後會升高
原本的波（虛線）
原本的波（虛線）
在恰好的時機
疊加後變成2倍
分開後又會出現原本的波動

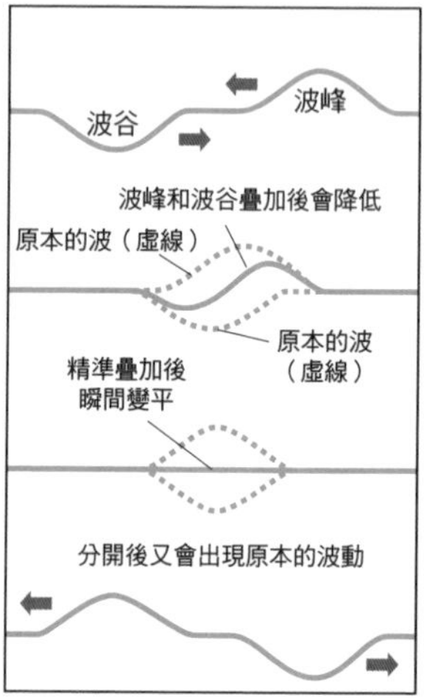
波谷
波峰
波峰和波谷疊加後會降低
原本的波（虛線）
原本的波
（虛線）
精準疊加後
瞬間變平
分開後又會出現原本的波動

當兩道波動疊加時，會發生什麼事？

「波峰」與「波峰」疊加，波動就會升高。如果兩道波動在恰好的時機精準疊加起來，波動的高度就會變成原來的兩倍。

「波峰」與「波谷」疊加，波動就會降低。如果兩道波動精準疊加，波動就會瞬間消失，但在兩道波分開之後，又會恢復成原本的波動。

這種波動疊加後變強或變弱的現象，稱作「波的干涉」。

愛的頻率高是因為它可以包容一切

接下來要說明「共振」的現象。

共振是指兩道波疊加後變強的現象，也就是波峰會升高。但共振需要滿足某些條件。

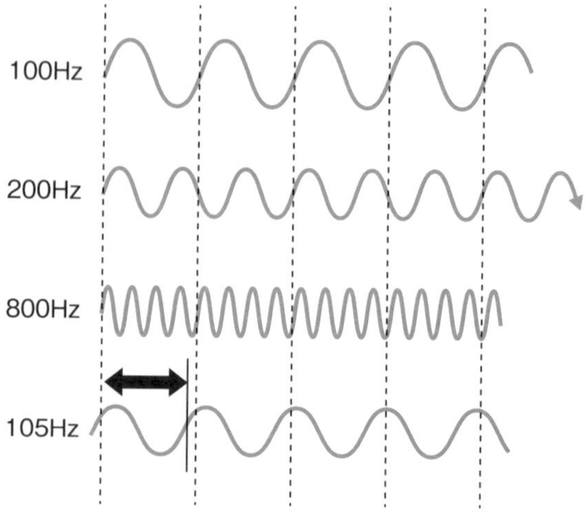

頻率（波長）相同的波動疊加，就會發生共振。

即使頻率不同，但只要頻率是整數倍的話，也會出現共振。例如：「100Hz」和「100Hz」的波動，頻率相同所以會共振。而「100Hz」和「200Hz」的波動，雖然頻率不同，但因為是整數倍，所以也會共振。同理，「200Hz」和「800Hz」的波動也是整數倍，所以會共振。

但是，「100Hz」和「105Hz」的波動就不會共振。兩者沒有同頻的波段，波長並不吻合。

那麼，當波長（頻率）不同的兩道波動疊加時，會發生什麼事？

波的「疊加原理」

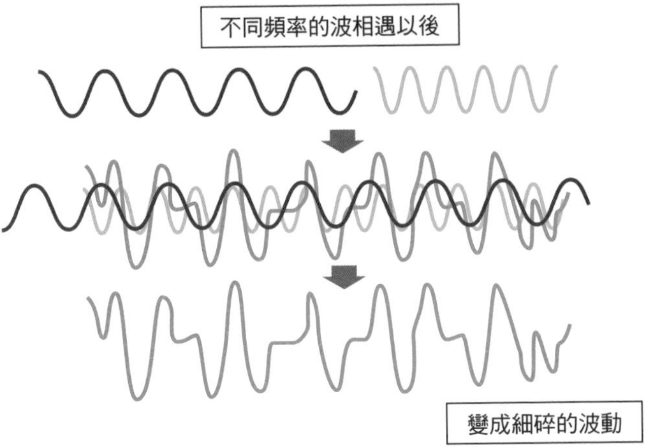

例如上圖最上方的波段，左測「深色的波」與右側「淺色的波」重疊後，會出現什麼樣的結果呢？

答案是會變成最下方「不規則的鋸齒形波動」。左右兩道波動的每個位置都加上各別的高度，就成了這張圖，變成「波的鋸齒幅度增加」的狀態。

那麼如下一頁的圖所示，當各種不同頻率的波動疊加時，會發生什麼事呢？

這時鋸齒狀的波動會變得更大。如圖所示，各種頻率的波動相加後，會形成更細碎的波動。

我們也是許多種波動的集合體。像右頁下

各種不同頻率的波動疊合以後

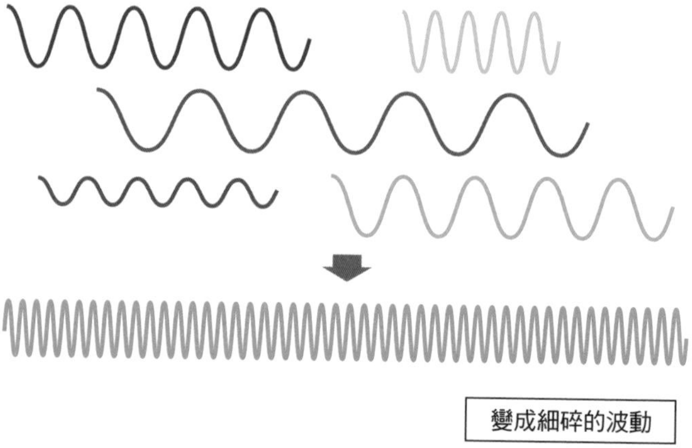

各種不同頻率的情感疊合以後

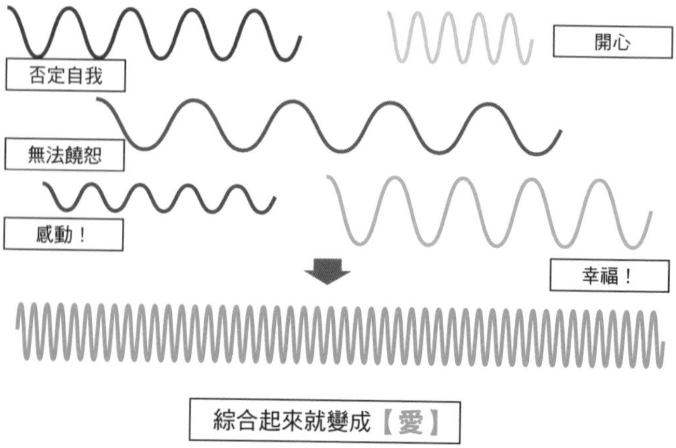

圖那樣，平常的你應該都會在心中感受到不同波長（頻率）的情感。「否定自我的頻率」、「無法饒恕別人的頻率」、「喜悅的頻率」、「感動的頻率」、「雀躍的頻率」……等等，你會在好幾天內感受到許許多多的情感，對吧？

這些波長不合的頻率若是全都疊合在一起，鋸齒的幅度就會增加，也就是振動數會變高。這就是「愛的頻率（Hz）」。

我們動輒就想壓抑「否定自我」的念頭，但若是沒有這道頻率，就無法形成鋸齒狀，也就無法達到愛。所以我們要做的不是排斥消極的想法，而是要「感受」它。只要感受自己正在否定自我就好了。

如此一來形成的「愛Hz」，就能迎合所有的波動，也就是會發生共振現象。它可以配合任何波動，也能和所有的波動一起升高。

「愛的頻率」偏高，就是這個意思。

不小心釋放出憤怒波了，該怎麼辦？

假設你要發出一道「憤怒Hz」。「那個人好廢！」「我老公在家都不做家事！」……當這些憤怒的波動往外擴散後，會與相同波長的波動產生共振，使得怒氣越滾越大。同時也有相同波長的波動會從外面返回到自己身上。

我們的實體就是波動，所以從量子的觀點來看，就會發生這樣的現象。

當你發出憤怒波後，它會增幅，並回彈到你身上。這是波動的性質，我們無可奈何，這就是所謂的自然現象。

那假使不小心發出「憤怒Hz」，那會怎麼樣呢？有辦法阻止它嗎？

我經常告訴大家：「只要去感受就好」。

首先，你要做的是感受「我現在很生氣」。

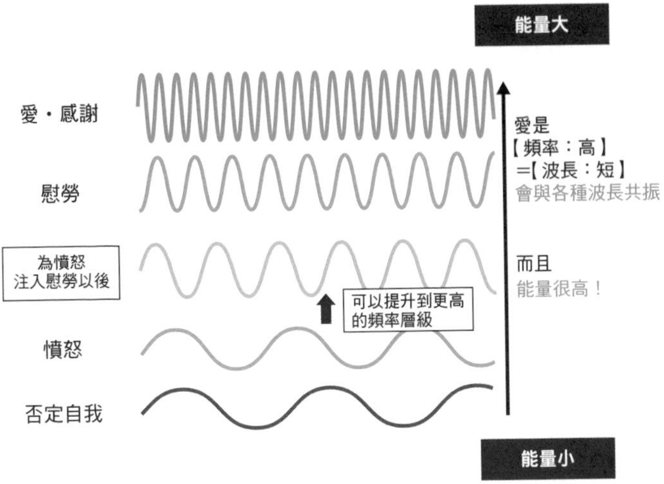
能量大
愛・感謝
慰勞
為憤怒
注入慰勞以後
可以提升到更高
的頻率層級
憤怒
否定自我
愛是
【頻率：高】
=【波長：短】
會與各種波長共振
而且
能量很高！
能量小

接著你要對自己說：「我居然這麼生氣，看來真的很辛苦呢！」或是「原來我已經忍這麼久了，難怪會生氣！」好好地「慰勞」自己一下。如此一來，「憤怒頻率」就會與「慰勞頻率」調合，將憤怒的頻率提升到「慰勞的層級」。

「慰勞」屬於愛的層級，是頻率較高的光子。而「頻率高」又等於「能量高」。

替能量低的光子注入能量高的光子，當然就能將它提升到更高的層級，「能量低的憤怒光子」的頻率就會上升。這樣就可以消除你內心的怒氣，將之逐漸昇華。

「慰勞」這個行為，是指「特意貼近慰勞的

光子」，換句話說就是「用慰勞的角度觀測自己」。

因為我們的實體是基本粒子，只要貼近光子，現象就會改變。

很多人都不清楚基本粒子的原理，總是將「憤怒光子」撒到別人身上，或是散發出「憤怒波」。這樣一來，令你憤怒的事情或充滿怒氣的人當然就會顯現成現象、出現在你眼前了。

觀測卻沒得到機率1的人發生了什麼事

「只要觀測（有意念），出現的機率就會接近1。」

這句話也很容易引起誤解，所以請容我再重新說明一次。

我們的意識包含了各種念頭。假設你想過要「當醫生」，這之中包括「十年後在京都開

成為醫生的機率

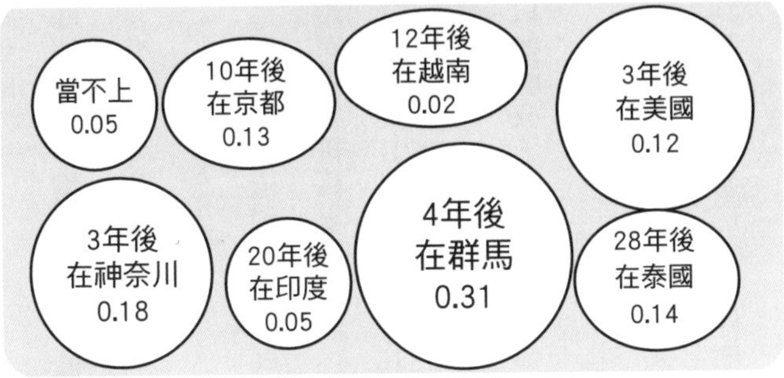

雖然不知道是「何時」「何地」，
但機率的總和是1。
只要**想像**就**一定會實現！**

診所」的念頭，或是「三年後在美國做研究」的念頭……等等。

如上圖所示，將這些念頭全部加起來，機率的總和就是「1」，雖然不知道是「何時」「何地」，但你一定會當上醫生。

然而，即使你本身沒有自覺，你的潛意識偶爾也會想著「怎麼可能當上醫生，應該去找更穩定的職業才對」。

如此一來，現象化的就不是醫生，而是「穩定的職業」了。

不論你的「觀測」、「意念」有多強烈，只要你的潛意識裡否定這個意念，它就不會現象化。順便一提，潛意識也是一種「自己未認知到的光子」。

即使你已經轉移了平行世界，如果你的「觀測」或「意念」裡混雜了多餘的念頭，它就會顯化成現象出現在你眼前。

「為什麼我都這麼努力了，人生還是沒有任何起色？」或「為什麼我的人生距離理想這麼遙遠？」會出現這種狀況的大概有下列兩種原因：

①沒有徹底轉移平行世界

②自己釋放出的波動或粒子裡摻雜了多餘的念頭

只要解決了這些問題，就可以邁向自己想像中的人生了。

如果觀測「當醫生」卻又一點也不用功的話，那當然不可能當得上。整天貪玩的人，觀測到的就是「遊玩」這件事。自甘墮落者的意念就是「自甘墮落」，所以這些事情才會現象化。

奇妙的緣分
為什麼我會遇見「那個人」？

轉移平行世界後，就會跟那個世界的「緣分」連結起來。

在高頻帶裡，就會與高頻率的人連結在一起。

如同上一章介紹過的實例，一旦頻帶改變，與自己往來的人也會改變，或是得到經濟上的改善。在同一個頻帶裡，會有與你波長相同的人，你會和那樣的人或物質相互吸引。

這就是坊間所說的「吸引力法則」的原理。

如果你去了低頻帶的平行世界，就會出現「負面的吸引力」。倘若你覺得自己老是遇到壞事，那就代表你待在負面的頻帶裡、釋放出負面光子。

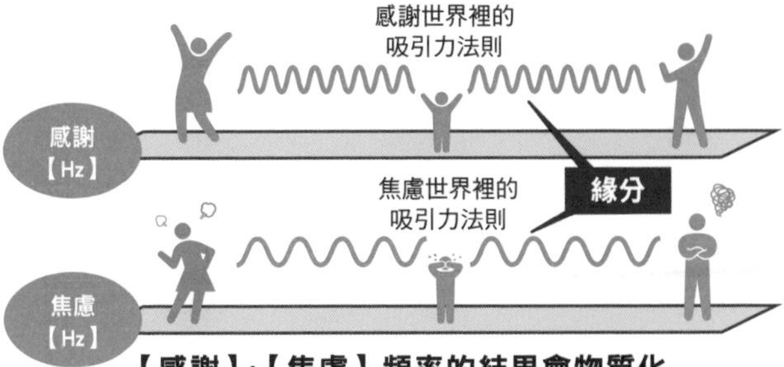

【感謝】・【焦慮】頻率的結果會物質化

你所散發的光子，就是「意識」和「情感」，或是「觀測」和「意念」。

人際關係、金錢、工作成敗、健康……等等，你身上發生的所有現象，都是你的觀測、意念、意識和情感的結果。

好結果或壞結果、幸運或不幸、良緣或孽緣，一切都是你在自己所在的平行世界裡引發的現象。

觀測方式決定了孩子是天才還是蠢才

我是從事教育工作的，孩子們未顯露的才能總是令我驚訝。由此感受到的，就是「觀測的方式會使孩子發生改變」。

舉例來說，有個孩子無法安靜地坐好、會在教室裡吵吵鬧鬧，假設他叫小明好了。小明

你是從哪個【平行世界】觀測的？

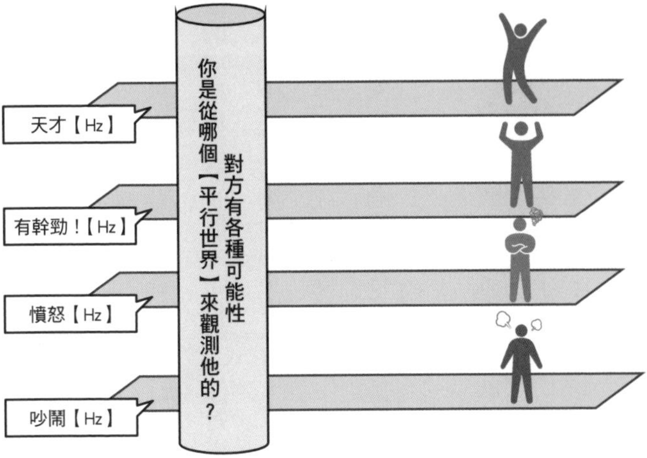

的母親在他剛入學時就表示他有「發展上的障礙」，但我並不在意，反倒還發現這孩子具備了「天才」的要素。

小明在算術課裡能專心的時間不超過十五分鐘，但若是給他巴掌大小的積木拼球玩具，他卻可以在十五分鐘內劈哩啪啦地拼出六種球。如果是我，不看說明書的話根本就拼不出來（笑）。

小明媽媽的觀測方式是「這孩子一直坐不住」，所以在她的世界裡小明是個「愛吵鬧又不乖的小孩」。

但是，我對小明的觀測一直是「他會積極地投入自己的興趣，很有天分。」因此，他在我面前就會逐漸展露出天分。我心想「小明很厲害啊！」繼續觀察他好的一面，結果他的成長令我驚豔。不知從何時開始，小明不再吵鬧，也有能力報考更高學年的算術檢定。可是，考試才剛開始五分鐘他就開始玩了。我看了他的考卷，答案欄的左上角都寫了小小的數字，而且全部都答對了！我真的非常驚訝。

他的母親也十分吃驚，問我：「你對小明施了什麼魔法？」然而我並不會什麼魔法，我只是單純地改變觀測他的角度而已。

一切都取決於「在什麼頻帶觀測」。

只要改變觀測的角度，孩子可以是蠢才，也可以是天才。

實際上，我們身體上的細胞和大腦的迴路，都是由自己觀測到的頻率能量所建立的。

小孩吵鬧的原因是波長不協調

小明原本就有天分，但他自己並沒有察覺到，也不知道該如何發揮，所以才會躁動不已。原因可能是出在他的頻率不協調。

我們在搜尋廣播頻道時，如果頻率不合，就會發出「沙沙」的惱人聲響。小明就是處於那種狀態。他的躁動與母親觀測到的「吵鬧Hz」同頻，於是他才會吵鬧不休。

然而，在我觀測到他的「天才Hz」後，他原本的天分就與那個頻帶同頻，開始施展出他的才能，真正進入「發揮本領」的狀態。

小明並不是特例。在我的學校裡，經常會發生這樣的現象。這種現象不只侷限在師生關係上，在親子、上司與下屬等各種關係中都有可能發生。

不要只看對方表面上的行為，而是要找出他的「背景」。也就是要觀測他的本質。

重點在於觀測者站在哪一個頻帶觀測對方。

例如：在「愛Hz」觀測，對方就會在「愛的世界」裡存在，並獲得幸福。反之，若是在「憎恨Hz」觀測，則對方就會在「憎恨的世界」裡存在，變得不幸。

當事人如何觀測自己當然也很重要，不過我希望大家都能記住，周遭的觀測也能改變一個人。

基本粒子來自何方？零點場與物象的關係

為什麼現象會因為觀測（意念）而改變呢？就算我說這是基本粒子的性質，應該還是會有人聽不懂吧。因此，為了幫助大家理解，我在這裡要用另一個全新的觀點來做說明。

首先，請大家回答這個問題。

Q：基本粒子來自哪裡？

基本粒子是物質無法再繼續分解的最小單位。不只是物質，意識和情感也都是由「光子」這個基本粒子所組成。

那麼這些基本粒子是來自哪裡？

答案是——零點場。

雖然名字裡有「零」，但意思並不是「什麼都沒有」，這裡面有「巨大的能量」在運作。

我和你、書本、桌子、火星、月球、宇宙、意識和情感、狗和貓、事件和事故，全部都源自於零點場。

換句話說，「世界萬物都是零點場的一部分」。

各位或許會以為我和你是各別的存在，但在追本溯源之後，我們其實都是零點場的一部分，是同一個存在。

從「意識存在於身外」的驚人真相可以察覺到什麼

意識和情感的原形是基本粒子——光子。

關於這點，美國細胞生物學家布魯斯・立普頓（Bruce H. Lipton）博士，曾經提過一段有趣的事。

不過在這之前，我要先問大家一個問題。

意識和情感存在哪裡？

應該有很多人會回答「在頭腦裡」吧。

這個答案當然正確，但是，意識也存在於大腦之外。

偵測大腦資訊

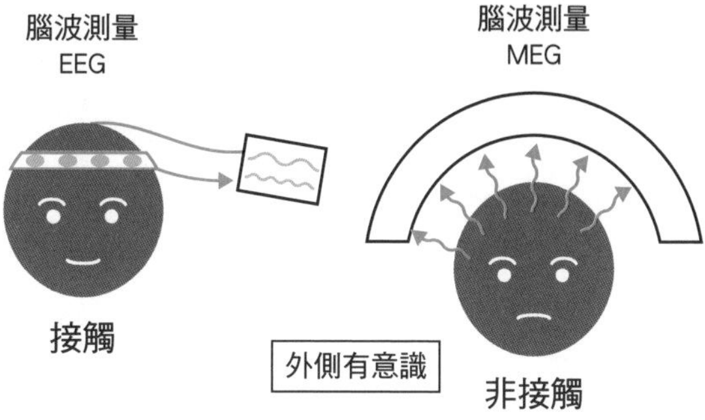

立普頓博士的說法是：

「提到如何偵測大腦的資訊，多數人最熟知的就是腦波儀。它像上圖裡的頭罩，直接套在頭部來測量腦波（接觸型腦波儀，EEG）。還有其他不必接觸到頭部，即可以測量大腦磁力的儀器（腦磁波儀，MEG）。雖然沒有接觸到頭部，卻可以偵測到大腦的意識狀態。」

這就證明了意識也存在於大腦之外。

當然，接觸型的EEG也能讀取到電磁波，所以證明腦中也有意識。但我要說的是，大腦周圍也有意識（光子）在活動。

因此，便能推測我們有望透過看不見的光子波動（電磁波）來進行溝通。

舉例來說，我們稱作「直覺」或「靈感」的東西，有很高的可能性是讀取到某些頻率才獲得的。這股波動（電磁波）或許是別人發送過來的，也可能是來自零點場。

假如零點場位在宇宙裡，那就可以合理地推論所有的資訊傳輸都需要透過零點場。較為形象化的比喻就是免費的Wi-Fi訊號——在任何角落都可以進行資訊交流。

日本自古有句成語叫作「以心傳心」，意思就是心靈相通。

從量子力學的觀點來看，可以說是——藉由光子來交換資訊。

「詛咒」也可以說是一種光子影響。好事和壞事都會受到頻率的影響而現象化。

過去我們只相信眼見為憑。

但認為存在著看不見的世界應該還是比較合理。因為，看不見的世界裡存在著基本粒子，它構成了所有物質和現象，這是個難以推翻的真相。

生命是什麼①

——太空人體會到的生命

到目前為止，我已經重複強調過我們是基本粒子的集合體。不僅是身體，連意識和情感也都是名為光子的基本粒子。不只是我們，所有的物質都是由基本粒子組成的，這本書、桌子、手機，甚至是YouTube和LINE，全部都是基本粒子。

而基本粒子來自於零點場，也就是說，我們、桌子、手機，全部的東西都是從同一個母體分化出來的「兄弟」。

到這一步如果大家都能理解的話，那就會產生下列的疑問：

生命究竟是什麼？既然我們和桌子都是由相同的基本粒子所組成的，那麼決定是否擁有生命的標準到底在哪裡？

例如：學校裡的考題：桌子有生命嗎？回答「有」就是答錯。正確答案是——桌子是無機物，所以沒有生命，或是「桌子沒有細胞活動，所以不能歸類為生命」……等等。

然而，現實卻不一樣。

在阿波羅九號任務中，駕駛登月太空船、執行史上首次載人太空飛行的拉塞爾・施威卡特（Russell Schweickart）曾說過：從宇宙看地球可以感受到「生命力」。他因為攝影機故障而在艙外獨自等待了五分鐘，當時他凝視著地球，感覺到「地球和自己是一體的」。

這裡引用施威卡特本人的說法：

「我思索自己當下的體驗，追問自己，你真的有資格擁有如此美妙的體驗嗎？這是你應該爭取的嗎？你真的應該被選來面對這個上帝的傑作、擁有這個特別的體驗嗎？我知道答案全部都是——否。我完全沒有資格接受這些，也不是我該爭取的，這些並不是特別為我準備的。（中略）我只是被賦予了為全人類探索宇宙的任務。我俯身凝視著我一直居住的地球，我知道地球上的居民，他們和我一樣都是人類。我代表了他們全部，我代替他們成為一個檢測太空的元件。（中略）我的雙眼是為了觀看而生，你的也是。這就是我們之所以出現在這裡的原因。而我認知到我是這個地球生命全體的一部分。」

施威卡特並不是透過理論，而是藉由直覺領悟到地球是一種生命體，他跟地球、水和雲，同樣都是零點場的一部分。從那一刻開始，他的價值觀就大幅改變了。

生命是什麼②
——愛因斯坦體會到的本質

愛因斯坦博士也說了同樣的話：

「人是我們稱之為『宇宙』整體的一部分，是在時間、空間上有限的一部分。人體認到的自身思想與情感是獨立的，但這是一種錯覺，人的意識受到視覺欺騙。」

《Science and the Akashic Field》／鄂文・拉胥羅著

雖然他沒有使用「零點場」這個詞，但言下之意和本書是相同的。

而且，愛因斯坦還說了以下這些話：

「每個靈魂都是由宇宙的精神所推動。」

《Einstein and the Poet》／威廉・赫爾曼著

「如果自然界的所有法則可以整合成一道方程式，就等同於『窺看上帝之心』。」

《Science and the Akashic Field》／鄂文・拉胥羅著

他所說的「宇宙的精神」、「自然界的所有法則」還有「上帝之心」，指的全部都是同一件事。如果你是從頭讀到這裡的讀者，應該可以理解那就是指零點場吧。

不論科學和醫學再怎麼發達，我們也無法造出像人體這麼精密、複雜的系統。當我們吃下食物時，身體將之轉換成營養素，變成血液、肌肉和內臟，透過新陳代謝不斷地替換老舊的細胞。如此複雜又精巧的機制究竟是誰一手打造的呢？

至於宇宙法，我認為愛因斯坦應該是在星體、時空、光線的規律運作中，體會到了神的真正意旨吧。

心臟外科權威榊原仟醫師，曾提過一個比喻。

「外科醫生可以切開、縫合人體，但病人痊癒並不是靠醫生的力量，而是自然之力、神之力。」

月刊《致知》二〇二一年十月號

這裡所謂的「神之力」正是自然界的法則，我認為愛因斯坦和榊原醫師想傳達的就是「零點場」的存在。

寺廟也是一種生物
高頻率可以療癒人心

我感覺到寺廟也是一種生物。各位在進入佛寺、廟宇內的瞬間，是否有感受到一股被療癒、非常細微的頻率呢？

我感受到不是雜亂的振動，而是一股均勻的細微波動。

和尚不斷頌經的光子振盪就刻在樹木、樑柱的電子雲上，響徹整個空間；所以光是待在裡面就有療癒的感覺。寺廟的波動進入我們身體的電子雲、調合了我們的頻率。

我曾經兩度參拜兵庫縣神戶市的鏑射寺，大約在六十年前，這裡還是破敗不堪、地板塌陷、菩薩雙腳埋在泥堆裡的老舊山寺。然而，有位皇室成員到訪時，似乎感受到了什麼，於是拜託和尚復興這座寺廟並在此頌經。因此，中村和尚便下定決心重建寺廟，一直恭敬地在寺內頌經。

一踏進寺中，淚水就自然地流出來，明明還沒有聽到和尚念經，光是待在那個空間裡，我便不明所以地嚎啕大哭起來。

後來，我感受到自己的波動變得協調、頻率上升。我想鏑射寺應該是長年處於頌經聲響遍四方的特殊頻帶裡吧。從量子的觀點來看頌經，它和意識、情感一樣都是光子，所以在寺廟裡才會有高頻率的光子四處交錯。我不知不覺地流淚，或許是因為我的波動與鏑射寺的波動產生共鳴，感受到一股類似回歸初我的安心感吧。

用量子力學的觀點看見靈魂的原形

我在第二章提過「光子的壽命是沒有期限的」，意思就是會永遠存在。

各位聽了以後，是不是都有這樣的疑問：

如果意識和情感是光子，那它們也會永遠留存嗎？已逝之人的心思也會被留存下來嗎？

為了回答這個問題，先讓我稍微談一下「靈魂」。

可能有人會擔心我要講些怪力亂神的事，請放心，我要談的是量子力學觀點的科學概念。德國理論生物物理學家弗里茨・阿爾伯特・波普博士，對死亡有以下的見解：

死亡時會產生一種，我們的頻率和本身的細胞物質「退耦合」的體驗。

《療癒場：探索意識、宇宙能量場與超自然現象》琳恩・麥塔嘉著

簡單來說，「光子資料」會在人體的細胞中（碳、氫、氧、氮等等）中逐漸逸出，這就是「死亡」。

那逃逸的「光子資料」是什麼？

這裡面包含了**意識**和**情感**。將它比喻成推動人的「原動力」應該就很好懂了吧。

日本人從以前就將這個稱作「靈魂」，英文叫作Soul。

提到靈魂，可能會有人覺得這是個模糊又可疑的概念，不過，我認為它其實就是由光子這個基本粒子所組成的**電磁波資訊**。

死人的靈魂是什麼狀態、會到哪裡去？

如果你還是不太明白的話，可以把它想成是手機的資料轉移，這樣或許會比較好懂。例如你的手機已經太舊了，就算充飽了電還是一下子就沒電了，於是你決定換新機。這時，手機裡的資料該怎麼辦？這時會先在雲端上做個資料備份，等換了手機後再重新下載。

那資料是以什麼樣的狀態儲存呢？總不是寫在紙上或是記錄在磁帶上吧。按下「上傳」

鍵後，資料就會傳出去。也就是說，它會變成電波（電磁波），以波動的狀態發射出去並儲存在網路上。

死亡就跟這個過程很相似。

身體（手機）變舊會消滅，但資料會以**波動**的狀態繼續留存著。

這資料或許就是靈魂。

手機的資料（電波）可以儲存在雲端，而我們的資料（靈魂）則是以波動的狀態保留在零點場裡。

生死之間。靠近死亡的真相

生與死的交界——兩者的差別就在於光子資料是進入肉體，還是離開肉體。

這是阿爾伯特・波普博士的觀點，不過在佛教界也有人看透了這一點，例如：鎌倉時代的大燈國師就曾經說過：

「自性即佛性，莫向心外求。

自性不生滅，何須厭生死。」

我對這句話的解讀是：

「人的本性就具有佛性，是屬於零點場的存在，所以沒有必要再求神拜佛。生命的根本不會終結，不生也不滅，所以不需要抗拒生死，也不需要逃避。」

相傳著名的一休禪師（一休和尚）在臨終之際，曾留下這首辭世之歌：

「我不會死　哪兒也不去　我就在這裡　別問我 我不會說」

大燈國師和一休禪師應該都看透了靈魂是無關生死的存在吧。

※也有傳言這首詩歌是出自照顧一休禪師的人。

不只是佛教界，在醫學界也有人談論這樣的觀點。

矢作直樹博士是東京大學醫學部榮譽教授，是急救醫學、重症醫學的專家，他就曾經這麼說：

「脫離肉體的不可見存在，會存留在有別於我們所在的另一個世界。這就是所謂的『永生不死』。我們卸下這趟人生所穿戴的皮囊，回到原來的地方。這就是死亡的真相。」

《いのちが喜ぶ生き方》青春出版社／矢作直樹著

已逝的故人有可能對自己說話嗎？

我曾經從U醫生那裡聽到這樣一個故事。

他的弟弟罹患了癌症、所剩的時間不多，雖然還年輕，但病情惡化得很快。U醫生對弟弟說：「人死後還會留下意識，你要趁現在做好該做的事」，但他並沒有聽進去。他說：「我都快要死了，死後什麼也不會留下。一切都結束了。」最後就這麼過世了。

過了一陣子後，亡弟的遺孀對U醫生說：

「大哥你說的沒錯。我已經過世的先生來找我說話了，他還告訴我很多事。有一次我問他為什麼還能跟我對話，他說我們所在的次元不一樣，就算解釋了我也不會理解。

我有時候聽得見他說話，偶爾腦海裡會浮現他的影像。我也曾經在看書的時候，驚覺書裡的內容是他想傳達給我的訊息。」

U醫生聽了這位太太說的話以後，更確定了即使肉體消滅，靈魂也會繼續存在。

用量子的角度來看，組成人體的基本粒子在人死亡後會分解，但意識的光子仍會以波動的狀態留下來，所以這股波動才會對還活著的人起作用。

U醫生的弟弟或許想要傳達的是「哥哥說的是真的」吧。在職場看盡生死的U醫生，肯定是想要向世間傳遞「靈魂死後依然存在」的觀念。

感覺到亡父在身邊，於是開始發揮驚人的力量

很多人會說「我去拜了祖先、掃墓之後，好事就發生了」。如果祖先的靈魂（意識或能量）依然存在，那會有這種現象就可以理解了。

我有個學生，他的父親已經不在了。他父親罹患了難治的肌肉萎縮症，最後是在浴室去世的。當時他只有小學四年級，因為大受打擊經常把自己關在房間裡。在他升上國中二年級時，他的母親帶他來報名我的學校，拜託我想辦法讓這孩子振作起來。

這就是我認識和樹（化名）的起因。

在我們慢慢培養出感情以後，有一天，我很乾脆地問他：

「和樹，你覺得你爸爸現在在哪裡？」

「……我不知道。」

「你爸爸就在這裡喔，他一直都在看著你呢。」

「咦，在這裡……」

從此以後，和樹就變了。

身為籃球隊隊員的他，開始比別人更投入、花更多的時間在練習上，後來當上了隊長。

在學業方面，一開始只有數學成績出現爆發式地成長，段考幾乎滿分。升上國三後，五個主要科目的成績全部都提升了，拿到全學年第一，最後進入當地的頂尖高中。高中時期還加入了之前不曾接觸過的社團，並在群馬縣的大賽中贏得了冠軍，以推薦甄試進入了立教大學。

和樹是這麼說的：

「只要一想到爸爸在看著我，我就覺得充滿力量，沒辦法再繼續哭哭啼啼了。實際上我覺得爸爸不只是在我身邊，他還給了我力量。要是我沒上過村松老師的課，可能會覺得這樣很恐怖；但從量子力學的角度來看，我相信父親是以波動或能量的方式在幫助我的。」

如果和樹像以前一樣，繼續留在「爸爸死了，我已經活不下去了」的頻帶裡，恐怕就會走向完全不同的人生。當他知道父親正關注著自己，就成功地轉移到「積極Hz」的平行世界，他在那個頻帶裡確定（觀測到）父親的存在，於是獲得了力量。

量子力學也能解釋投胎轉世

我要再談一點關於靈魂的話題。最後要談的是投胎轉世。

你相信「投胎轉世」嗎？

假設有個人宣稱——我是德川家康轉世。從量子力學的觀點來看，這就是回到零點場的德川家康光子（電磁波）與組成身體的基本粒子「再度結合」。

但是這麼一來就會發生問題：全日本有好幾個人都自稱自己是德川家康轉世（笑）。所以要不是實際上有好幾個德川家康，就是他們都在騙人……

不過，只要採取下面這個概念，一切就說得通了。那些自稱是德川家康轉世的人，實際上並不是投胎轉世，而是下載了德川家康的光子（資料）。

回到零點場的光子是以電磁波，即波動的形式存在的。換言之，就是和電視的電磁波、網路的電磁波、光的電磁波一樣的狀態。

如果他們都下載了這些資料，那一切就合理了。

成千上百人可以同時用手機觀看同一支YouTube影片。同理，如果好幾個人同時下載德川家康的光子資料，那出現一百個自稱是德川家康轉世的人也不足為奇啊。

根據我的成長經歷，我相信「有投胎轉世」。實際上也確實有人感覺到「明明是第一次去的地方卻很熟悉」、「沒有學過德川家康的歷史卻知道得一清二楚」。

但是，假如家康的靈魂轉世後全都進入了某個人的體內，這代表他的墳墓、日光東照宮裡不再有他的魂魄，變成空無一物，這樣就矛盾了。不過，只要用下面這個角度來思考，矛盾便會消失。由於「基本粒子在觀測後出現的機率會接近1」，所以只要去東照宮參拜家康，他在那裡的機率就是1；只要去掃墓，他在那裡的機率就是1。換言之，把靈魂視為光子的話，一切就都合理了。

當然，「我可以鮮明地回想出家康的記憶，所以我是他的投胎轉世」或許也不能算是誤會。

實際上，我們的光子不論是在我們活著還是死去的時候，它都存在於零點場。我們祖先的光子也在那裡。日本人從遠古時代就很注重供奉祖先，習慣活在自然界的神祇、祖先等無形存在的聯繫之中，並將這個習俗代代傳承下來。這個傳統習俗之所以歷久不衰，終究還是因為我們人類能夠實際感受到這些存在。

如今，這些看不見的存在已逐漸由量子力學這個最新科學證實可能是「光子」了。

最愛的人死去，父母死去，寵物死去……

這些事情實在令人悲痛不已，但即使肉體消亡，他們的光子至今依然存在在這裡，正在守護著你。

既然如此，那你覺得該怎麼做呢？

如果我死後只剩下意識的光子，我會希望我的家人可以開開心心、活力充沛地活出自我。若他們還願意對我說：「我會好好珍惜爸爸延續給我的生命，謝謝你」，那就是最令我高興的事了。

第5章

跳轉平行世界的方法

這一章，要談的是改變你的頻率和頻帶的一點小訣竅。
方法大致分為兩種：
・轉移平行世界的方法
・在轉移後的平行世界裡安頓的方法
我們發出的頻率很容易變動，
即使好不容易進入了「好的頻帶」，
也可能馬上又回到原地。
保持頻率穩定也很重要。

你可以自己決定要去哪一個世界

這裡我再簡單統整一下平行世界的概念。

①平行世界就是頻帶。

・平行世界是堆疊在零點場裡的。

②只要改變「觀測」或「意念」，頻帶就會改變。

・我們就像一片雲，頻率會時常發生變化。

・只要頻率改變，就會轉移到該頻帶（平行世界）。

③你所在的頻帶會出現對應該世界的現象。

・因為觀測和意念會把所見的現象變得符合那個世界。

・因為在那個世界會把相同頻率的人事物吸引過來。

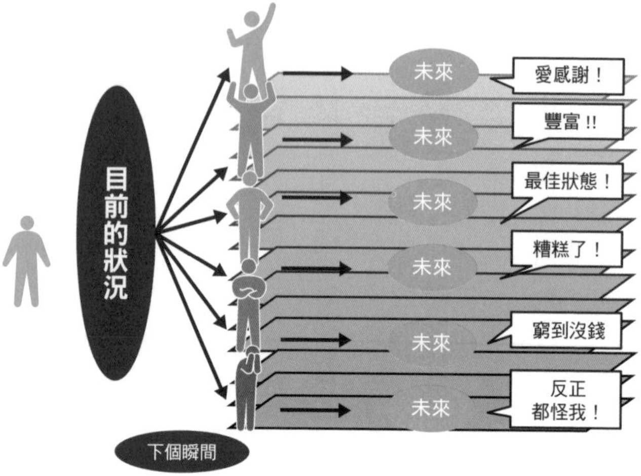

④不只是現在，過去和未來也都會改變。

・因為基本粒子不受時間和空間的限制，會隨著觀測而出現。

總而言之，這就代表我們所在的世界並非固定不變。我們目前的這個瞬間也正在移動，在各式各樣的平行世界裡穿梭。

你可以去任何一個世界，只要改變你的觀測和意念就可以了。你可以去一切都很圓滿的「愛的頻帶」，也可以去諸事不順的「無用的頻帶」。也就是說，要活在哪一個世界，由你自己決定。

有什麼樣的父母、出生在哪裡、出生於什麼樣的條件……這些所謂的「命運」，某種程度來說的確是註定的。這就是你與生俱來的頻率。

不過，這並不代表全部。最近網路上流行「父母扭蛋」這個說法，有人認為「出生的環境就跟抽獎一樣」，但從量子力學的角度來看，這個觀點並不正確。因為你的頻率是可以改變的。只要改變頻率，你所在的頻帶（平行世界）就會跟著改變；你遇見的人、拿到的東西、引發的事件……等，全部都會改變。這些都是你所發出的波動在你的頻帶裡顯化出來的現象。

如果你討厭你目前所面對的環境，那就改變你的頻率，只要轉移頻帶即可。

觀測感謝①

——言不由衷的感謝會適得其反

本書提過好幾次「觀測」、「意念」這些詞。

補充一下，這些說法都依循著基本粒子的性質。

基本粒子的活動非常快速且不規律，還會不時地消失又出現，無法預測。而且，它有時候是波動，有時候又是粒子，形態變幻莫測；但是只要一觀測，它就會出現在「眼前」。它會根據我們的意念而動。

那可以把基本粒子的這種性質應用在現實生活中嗎？根據這個想法，我先行實踐的就是**觀測感謝**。

結果，一切就像假的一樣，「感謝」居然開始現象化了。

父母親對我的家教十分嚴格，「謝謝」就像是我的口頭禪一樣從小說到大。但是，我卻從來沒有得到別人回應我一句「謝謝」，反而還常遭遇到指責，或甚至災難。

現在我明白這是怎麼一回事了。當時的我只是口頭上說謝謝，動動嘴皮子而已，內心深處卻在責備自己。我一味地責怪別人，想著：「就算我感謝對方，對方也不會感謝我」、「事情都是我在做」，最後甚至也開始責怪起自己了，想著「我真沒用」。

我觀測的其實是「沒用」，我一直都待在「無用Hz」裡，所以指責和災難才會接二連三地降臨。然而，當我開始觀測「感謝」後，在「感謝Hz」裡馬上就有事物開始現象化了。

或許會有人會懷疑哪有這麼簡單？但真的就是這麼簡單。

觀測感謝②——具體觀察感謝的對象

那麼具體該怎麼做呢？

我朋友的做法如下：

「啊，有車子經過我旁邊，感謝它沒有撞到我。感謝駕駛有好好吃飯、用健康的狀態開車；他的太太在做飯時有考慮到營養均衡，夫妻和親子的感情融洽，所以他才能安穩地開車。真是值得感恩！」

感謝到這種地步，應該已經算是高手了（笑）。而且還是發自內心的，那就更厲害了

（笑）。一開始，我的這位朋友也覺得不可能做到這種程度，或是得特意地提醒自己才能做到，但在反覆的練習過程中，慢慢就能觀測到「感謝」了。

他去超市購物時，也會這樣想：

「啊，這裡要什麼有什麼，真是太感恩了。有青椒，有白蘿蔔，有味噌。我不會種菜，也不會切豬肉……有現成的商品可以買真值得感謝啊。幸虧有人種菜、養豬、加工食材、運過來賣給我，真的很感謝。」

不習慣感謝的人，在讀到這些話語或許會啞然失笑。但只要開始觀測感謝，就會看到越來越多的「感謝」。心懷「感謝」，可以讓感謝逐漸充斥在身邊。

那這位朋友是哪裡改變了呢？

他透過這些觀測轉移到了「感謝的平行世界」。以前他的身邊也有車子經過，他也會在超市裡買菜，但在過去的頻帶裡他看不見這些「感謝」，直到轉移到「感謝的平行世界」後，才看得一清二楚。

這就是為什麼「只要頻帶改變，觀測方式也會跟著改變」。因為你會看見「原本就在那裡，但你卻視而不見的存在」。

將「責怪」轉換成「幸虧」的方法

——寫下來最好，單純「默想」也很好

「觀測」和「意念」可以算是轉移平行世界時需要的「門票」，它可以讓你進入你所觀測到的世界。

前面我也提過，將「都怪○○」的想法轉換成「幸虧有○○」的想法，也可以改變觀測的方式。當你心裡想著：「煩死了，都怪○○才害我不能△△」時，可以想成：「哇，幸虧有○○我才能做到□□」。

不論置身處在哪一種平行世界，都一定會有不如意的事。這時我們都會在無意之中先怪

罪別人，這也在所難免。這時候，我們不必為了怪罪別人的想法而感到自責，而是要用醍醐灌頂的感覺，重新觀測成「很好！幸虧有○○我才能做到□□」。

這招對始終耿耿於懷、容易拘泥於事情的人特別有效。

假使你很在意「都怪A搶走了我的風頭」的話，就可以將其轉換成「多虧有A，我才能開拓視野、得到新的挑戰機會」，釋放出「幸虧Hz」。

根據我的經驗，將想法寫在筆記本上是最有效的，用手機的記事功能也不錯。當然，單純地說出來，或是在心裡默想，也OK。

這樣做可以讓你的心情變得輕鬆。

如此一來，你就會相信這對你來說是不可或缺的經驗。這一瞬間，你會感覺到身上沉重的負擔消失了，頻率改變了。然後，你就轉移到平行世界了。

觀測「未來的自己」

——將放棄的平行世界變成會實現的平行世界

各位看到光鮮亮麗或大出風頭的人，都有什麼感覺呢？

應該會有很多人覺得「好羨慕」、「換成是我就辦不到」、「不公平，他憑什麼」之類的吧。但是，這些想法都是降低頻帶的因素。

轉移平行世界的「門票」，就是「觀測」或「意念」。所以，當你見到光鮮亮麗的人時，只要觀測「那是未來的我」就可以了。

心裡想著「我也可以變成那樣」、「半年後的我就是那樣」。在你有這個意念的瞬間，就會轉移到那個平行世界了。

心想「我辦不到」、「不公平」，只會讓你待在「放棄的平行世界」，在這個世界，令你死心的現象就會顯化出來。

如果你很嚮往某種狀態，轉移到那個平行世界就行了，從「放棄的平行世界」跳轉到「實現的平行世界」。這個時候，千萬別想著「我可能辦不到」。一旦觀測了「辦不到」，你就會前往不同的平行世界了。這一點都不難，只要觀測「期望中的自己」就好了。在腦海裡描繪的形象越鮮明、意念越明確，出現的機率就會越接近1。

我再補充一點，「意念」並不只是單純地想像自己想要做什麼，還要有意識地去努力、採取有計畫的行動來設法實現。

觀測「豐富」

──成功擺脫赤貧的祕密

應該很多人都有「努力工作卻還是過得很辛苦」、「缺錢」的煩惱吧。

我希望這些人可以試著觀測「豐富」。

或許，正過著貧困生活的人在聽到這句話時會覺得「都快沒飯吃了，還觀測什麼豐富啊！」。但我還是希望各位可以把目光放到**豐富**上。第三章介紹過的藤原先生就是個很好的例子，他投資失敗、經濟狀況墜入谷底，事業也面臨低潮。他每天都在觀測「一心想死」，但如今他懂得觀測「豐富」，展開了或許有望革新全球環境問題的事業。

有一次，我跟藤原先生開車奔馳在鄉間小路時，他突然開口感嘆：「啊～好豐富喔」。我聽得一頭霧水，只能反問他在講什麼。

「你看這裡不是很豐富嗎？要是在那塊田上灌滿水，就能種稻子了。稻子曬太陽、吸收雨水，利用土壤裡的養分就會自己長大了。真的好豐富喔。」

他說的確實沒錯，大自然非常豐富，能幫助我們繼續生存下去。

一位出版業的熟人也曾對我說過一件事。他是個自由工作者，曾經為了錢而傷透了腦筋，但自從他開始觀測豐富以後，人生就徹底改變了。他是這麼告訴我的：

「不是常有人說『米缸見底』嗎？這我也有過這樣的經驗。念高中的兒子食欲旺盛，但我卻錢包見底，米缸也見底，整天在煩惱晚餐該怎麼辦。我工作很認真，可是就賺不了多少錢。

我只要一擔心生活，工作就無法專心。只能一直用信用卡借錢、還錢，然後又借錢。我一點也不奢侈，拚命地工作、節儉過日子；但還是缺錢。滿腦子都在擔心日子過不下去、要出門打工才行、以後該怎麼辦。現在回想起來，當時我觀測到的都是擔憂吧。老想著『要是這本書大賣，日子就會輕鬆多了』，都在觀測『自私自利』的事。結果財運才會遲遲無法上門。

有一天我去超市買菜時，看到琳瑯滿目的商品，突然覺得這裡什麼都有，好豐富喔；在我眼中怎麼只看得見『特價』跟『最便宜的東西』呢？我這才發現自己有多麼的消極，或者說，都在觀測一些壞事。所以，我決定以後都要觀測豐富。」

之後，他有幸出版了暢銷書。雖然不能透露書名，但其中包含了熱賣的大作。他說自己做書不再是為了「大賣」，而是希望能夠豐富讀者的人生。

也許會有人會想「這只是湊巧罷了」，但我相信他是轉移到了「豐富的平行世界」。他的工作和努力程度沒有改變，只是將觀測的內容換成「豐富」，他所在的平行世界就改變了。

養成「馬上付款」的習慣

——觀測到「沒錢付款」就會越來越辛苦

我以前在經濟上也非常拮据，老是沒有錢。

那時候就算帳單來了我也是先擱著，拖到繳款期限到了才付款。反正遲早都要繳的，趕快繳完就好了，但我又很怕繳完款後手頭上就沒錢了，所以總在無意間養成能拖就拖的習慣。當時的我是住在「賒帳的平行世界」的居民。

然而，從某天開始，我開始變成「帳單一來就馬上繳清」了的那類人了。雖然繳完帳單會導致手頭吃緊，讓我很不安，但我還是轉移到「馬上付款的平行世界」了。

結果，我的錢開始流通了。當我還在「賒帳的平行世界」時，感覺就像是掉進混濁的海水裡，下個月、下下個月……每個月都在重複著相同的情況，一直被錢追著跑。

對窮人來說，「馬上付款」是種需要鼓起勇氣才有辦法去做的事情，但既然「不必付款」的奇蹟並不會發生，那麼轉換平行世界應該會比較有用。

如果待在「賒帳的平行世界」，有緣上門的客戶也會「賒帳」；如果待在「馬上付款的平行世界」，那麼有緣上門的客戶就會「馬上付款」。如此一來，你也會變得越來越富庶了。

重視「奮不顧身」的感覺

──毅然投入命運的洪流

在轉移平行世界時，「奮不顧身」的感覺也很重要。這個感覺比跳進泳池裡更嚴苛，是跳進湍急的河流裡哪種等級的。「應該可以吧，會不會很慘？總之就上吧！跳！」要用這種感覺來毅然決然地投入。

我剛開始經營學校時租了二樓的使用空間，樓下是投幣式洗衣坊。租金是五萬日圓，教室小到只有六張桌子。當樓下的洗衣機開始運轉時，二樓就會跟著喀喀喀地抖動，實在不能算是適合學習的環境。

大約過了一年半，學生家長介紹我一間新房子，建議我換個空間更大的教室。親自去看過後，覺得那個地段很好，但租金卻要十五萬。

「怎麼可能付得起三倍的房租啊，我現在好不容易才有點盈餘。」就在我快要放棄時，腦海裡突然冒出了一個聲音：

「你開這間學校最初的目的是什麼？」這個聲音還繼續追問我：「你是想用這間學校來賺錢？沒錢就沒辦法，就做不到了嗎？難道你要的不是培育群馬縣沼田當地的優秀人才？」

對啊！我的初衷是想培育出可以在世界各地大顯身手的人才。所以，還是要在寬敞的地方，讓更多的學生有機會可以學習到這些知識才對。於是我奮不顧身地決定——「好吧，豁出去了」。

然後怎麼樣了？

我踏進了前所未見的世界。從下一個月開始，學生人數有了驚人的增長，許多學生的加入讓學校變得朝氣蓬勃，我高興得不得了。我的心情傳遞了出去，學生們也跟著開心地學習，於是成績就越來越好了。結果我只花了一個月，就能輕鬆付清三倍的租金了。

在學校裡，我不只是教授一般科目，也會談論量子力學，所以學生們可以從根本上來改變自己。在社團活動締造亮眼的成績、在學生會裡大放光采的孩子也變多了。學校裡充滿了能量，簡直就像是「肯做就會成功的平行世界」。

觀測「為他人付出」

——小心別陷入自我犧牲的心態

與其觀測「自己會變好」，不如觀測「為人付出」，更能得到好結果。而且有趣的是，你還會因此而感覺到自己所湧現出的活力。

我認為這可能是頻率上升的緣故。因為波動變得更小，且處於更高的能量狀態。

在「為人付出」的平行世界裡，對方也在觀測「為人付出」，所以會彼此共振，最終就回歸成「為自己付出」。

但是，「為他人付出」實際上卻伴隨著危險。

裡面暗藏著「自我犧牲的心態」。

待在「別人優先，我自己無所謂」的自我犧牲頻帶，會吸引到同一類的人。身邊會因此而圍繞著「情感淡泊的人」。那該怎麼做才不會變成自我犧牲，但又能「為人付出」呢？

就是要同時觀測「感謝」。

「真感謝我可以像這樣為大家付出。」

如此一來，你就會和身邊的人建立起「真感謝我可以為這個人付出」的互助關係，心裡會非常舒坦、變得輕鬆許多。

如果你「為他人盡心盡力，卻遭到對方疏遠」，那或許代表你處於「自我犧牲的平行世界」裡。當你的行為沒有帶來相應的結果時，就需要反省一下自己的觀測是否偏掉了。

重視「喜好」

——活在零點場

我們都很容易感應到自己喜歡的事物，也就是容易觀測自己的喜好，意念也會更清楚。

例如：「我喜歡○○，所以想做這個」→「做○○前需要先△△」→「做△△前還需要先□□」。可以明確、強烈地想像出實現的過程。

這也可以說是**接近機率1的祕訣**。

喜好不是在頭腦裡想，而是要用心去感受。它不是基於「媽媽叫我做」或是「很受歡迎」這些來自他人的評價，而是遵循自己內在「喜歡就是喜歡」的心聲。

這股「內在的聲音」其實就是與零點場的聯繫。

我們往往會受到世俗規範的控制而封印自己的「心聲」；在生活中，隔絕擁有巨大能量的零點場之力。要好好重視自己的喜好，不需要刻意去觀測「不要做某事」，也不需要在「不要做的頻率帶」裡虛度光陰。

要儘量珍視自己的喜好，釋放出屬於你的真正頻率。這同時也代表你活在零點場裡。

將「喜好」化為實用

──第三者的觀測也能成為助力

只要更進一步想著**將喜好與實用性連起來**，就能轉移到更豐富的平行世界。

我的學校裡有個國二男生名叫阿豐（化名），他超愛打電玩的，整個暑假就是一直打個不停。我問他作業寫完了沒，他還理直氣壯地回答：「根本沒寫」。

我：「那你每天都在做什麼？」

他：「打電動啊！一天大概會打十二小時以上吧！」

我：「真的假的？你超專心的欸。」

他的專注力非常驚人，只用了假期最後一個星期就寫完全部的暑假作業。

他：「老師，我作業寫完了。」

我：「你也太強了吧！會打電玩就證明你擅長數學喔，因為你的空間認知能力很高；而且你的專注力也很強，將來或許可以開發遊戲呢。」

我觀測到他的**專注力**和**數學能力**，將它們與「實用性」連了起來。

於是他才恍然大悟，「原來我打電動的興趣也能用在數學上啊」，於是便開始觀測過去根本想不到的「實用性」。

半年後，他通過數學檢定三級（相當於國三畢業的程度），在群馬縣的實力測驗裡也連續兩次考滿分。他甚至開始宣稱「我以後想要開發改善人際關係的遊戲APP」。

雖然現在還不知道阿豐的夢想是否能實現，不過既然他已經轉移了平行世界、觀測到「想對他人有益」了，實現的可能性應該還是很高的。

為喜好與實用性建立關聯會更容易轉移平行世界。

希望大家都能明白，你也可以用第三者的觀測來幫助當事人。但願父母、師長、才藝班的老師、運動教練，都可以從此記得——隨時為孩子和學生進行「熱心的觀測」。

「專注」就是儘量抽離自我
——進入Zone的訣竅

各位應該聽說過Zone這個詞吧，它又稱作**極度專注狀態**。

或許在運動賽事的訪問影片裡，大家都曾看過比賽中有著奇蹟般表現的選手聲稱「球就像是靜止了一樣」、「我預知了對方的動作」等等。

其實，我也有好幾個學生曾有過進入Zone的經驗。參加高中桌球賽贏得群馬縣冠軍的嘉明（化名），就曾經告訴我他在那場比賽的經驗。

我：「你在比賽時狀況如何？」

他：「在冠軍賽的時候啊，球都變成線了。」

我：「嗯？什麼意思？」

他：「在對手擊球的那一瞬間，會有線跑過來。」

我：「你的意思是可以看見球的軌道嗎？」

他：「是在球飛過來以前，會先有一條線過來。我把球拍帶到線過來的位置，結果球就真的沿著線飛來了。」

我：「這也太強了吧！那你在比賽裡的感覺跟平常不一樣嗎？」

他：「對，感覺就像是從另一個世界看自己比賽一樣……有另一個我從上面俯瞰著自己。該說是看得見全體還是什麼的。」

原來如此！這或許也是平行世界。

嘉明是為了開發腦力才來報名我的學校的，所以他比任何人都認真聆聽、實踐量子力學的概念。他所說的「在球飛來以前會先有一條線過來」，這意味著他看到了「未來」。

在他進入Zone時，看見的不是「物質的球」，而是「對手發出的光子」與「球未來的軌道」。我認為在他轉移到那個平行世界後，那裡也堆疊著未來的發展，所以他才會感覺到「在球飛來以前先有一條線過來」。

千萬別說「我有話跟你說」

——會導致人際關係緊繃、頻率下降

接下來，我要談談穩定平行世界的訣竅。

各位曾經說過「我有話跟你說」這句話嗎？

這不經意的一句話，可能會改變對方的平行世界。

其實我就曾經深受其害。我太太有事找我商量時，都會說「你有空嗎？我有話跟你說」。雖然她是顧慮到我才會這麼說的，但我每次聽到都會心頭一驚，心想「她要說什麼」（笑）。

經歷了好幾次後，我察覺到一個現象：

「啊，我的頻率剛剛掉下來了」。

但要是我叫妻子別這麼說，反而可能會讓她的頻率下降。

所以我做的就是改變觀測焦點。

我的焦點不是「她要說什麼」，而是換成「她有事情要拜託我」。於是在聽完她說的話後，我可以感受到「謝謝她願意告訴我，她愛著我、願意依賴我」，我觀測到了「愛」。

雖然這只是小事，但卻非常重要。夫妻每天朝夕相處，彼此的頻率會相互影響。在維持自己的高頻率時，同樣也要幫忙對方維持住高頻率，我認為這一點很重要。

如果只是改變觀測的方法，那應該可以輕易做到吧。

你是觀測對方的「缺點」，還是「優點」呢？

你是直接觀測對方的言行舉止所體現的「現象」，還是觀測其「背景」的因素呢？

「他怎麼一直板著臉啊，是不是今天遇到了什麼壞事？還是因為太忙？」只要觀測對方的背景，你的應對態度也會有所改變。

只要稍微改變一下觀測方法，兩人的關係就會大幅改善、提高彼此的頻率。當然，平行世界也會改變。幸好我們夫妻倆目前一直都處在恩愛的頻帶裡。

這種觀測不僅限於夫妻之間，也可以應用於朋友、上司和下屬、社團、師生等各種關係上。只要改變觀測的方式就可以了，請大家一定要試試看。

用慰勞的角度觀測「疼痛」

——用意識的光子安撫痛楚

身體疼痛也是造成頻率下降的原因。大家應該都體會過在身體疼痛的時候，思考會變得很負面吧。

面對疼痛或疾病時，最大的「關鍵」就在觀測的方式。例如胃痛時，很多人都會拿起手機，上網搜尋「胃痛　心窩」之類的資訊，因而得到「有胃潰瘍的疑慮」、「可能起因於胃癌或腎臟、胰臟、心臟疾病」等搜尋結果。

這一瞬間很多人會因為「癌」這個病名而觀測到「疾病」，這樣頻率當然會下降，而且還會跳轉到「生病平行世界」裡。如此一來，「重病」可能就真的會現象化了。

那麼，當我們感覺到疼痛時該怎麼辦呢？

首先要用「慰勞」的角度來觀測疼痛。

疼痛代表那個部位承受了強烈的負荷。例如：飲酒過多造成腎臟負擔，會引起腎發炎。運動導致肌肉承受異常的負荷時，肌肉就會發炎或是出現撕裂傷。也就是說，可以將疼痛視為一種「生命反應」，是身體發出「那個部位很虛弱，要多注意它」的訊息。

疼痛時，你要充分安慰那個部位，感謝它的努力，然後溫柔地搓一搓它。

「安撫」這個詞原本就帶有「慰勞」的意思，但若是遇到無法忍受的疼痛時，還是應當立刻叫救護車、做好應急處置，

我再強調一次，我們是基本粒子的集合體。而基本粒子具有波動和粒子雙重特性。如果有「量子眼鏡」之類的工具，我們應該就能看見疼痛部位發出扭曲的波動了吧。

我們首先應該做的是，將高頻率的意識（光子）注入疼痛的部位，讓那裡的波動恢復正常，接著再去醫院接受應做的治療。

就是痛苦才要觀測「幸福」

——觀測「解決煩惱」會越陷越深

我常常告訴大家：

「煩惱永遠存在，幸福也永遠存在，這兩個都是『頻帶』。」

接著就讓我們直接進入平行世界的話題吧。

陷在「煩惱世界」無法自拔的人，過去、現在、未來都會一直深陷其中；在「幸福世界」的人，同樣的，在過去、現在、未來也都能繼續留在那裡。

當然，前者還是可以逃離「煩惱世界」，後者也可能脫離「幸福世界」。這一切都取決於你的觀測。你是在觀測「煩惱」，還是觀測「幸福」呢？

因為這會決定你前往哪一個平行世界。

舉例來說，當你有了煩惱時，你會怎麼做？

如果你的意念是「解決煩惱」，就會前往「煩惱平行世界」。
如果你的意念是「沉浸在幸福」，那就會前往「幸福平行世界」。
會去哪一個世界，取決於你的「觀測」或「意念」。

我希望大家可以記住一句話：

事情會以感謝的波動作結。

不論是什麼事，其中都堆疊著「感謝」的波動。當你能在一件事情當中觀測到感謝，就代表你已經得到那件事情所要傳達的訊息了，這時就代表事情已經解決了。

一山還有一山高——人生就是不斷地面臨新的課題。就像RPG（角色扮演遊戲）一樣，當你突破了一道關卡，就會進入下一道關卡。

或許一切的發展都不會如你所願，但只要你能觀測到「感謝」，事情就能解決。就懷著這股心思、精神奕奕地往下一關邁進吧！

並不是觀測就能心想事成

——不放棄，而是當成收穫

俗話說「塞翁失馬，焉知非福」，幸與不幸是一體的兩面。幸福或不幸的到來無法預料，無論再怎麼美妙的平行世界，都一定會發生不如意的事情。

假設你是個高中棒球選手，目標是參加全國高中棒球錦標賽。即使你置身於「欣喜若狂的平行世界」、高興到了極點，也不是真的立於那個極點。全日本參加預賽的高中棒球隊有三千七百八十二支，能夠進入錦標賽的只有四十九支，能贏得冠軍的——只有一支。剩下的三千七百八十一支球隊的選手，都會成為「輸家」。

這就是現實。即使你轉移了平行世界，也未必事事都能如你所願。但我們的人生依然會繼續下去。該怎麼度過不如意的人生、不如意的日子呢？

你要觀測「絕望」、活成一個輸家嗎？

還是要觀測雖敗猶榮、有所成長、感激涕零，這些「希望」而活下去呢？
觀測的方式會大幅改變你之後要前往的世界。

零點場會發揮你的潛力

你的人生曾經經歷過絕望過嗎？
我有過。
但即使感到絕望，心臟仍依然跳動。
當我覺得自己可能撐不下去時，只要摸一摸胸口，就能感受到心臟強烈的鼓動，感受到
身體會自主活動，跟我的意念無關。
我的細胞想要活下去。

塑造出我們身體的基本粒子源自於零點場，不論你再怎麼絕望，零點場都會持續供給基本粒子和能量。

「活下去」這句話，正是零點場發出的意志。

不管你處於什麼狀況，零點場都會設法讓你活下去。假如你的腦海裡有自殺的念頭，那麼，直到心臟真正停止的最後瞬間，它都會一直堅持著，要讓你活下去。

希望各位在感到痛苦的時候，可以想起這一點。

另外還有一點。

零點場會賦予你需要的、社會需要的能力。如果你跳轉了平行世界後卻沒有實現願望，可以把它想成是「時機未到」或「時機不對」。

這時你是觀測「已經沒希望了」，還是觀測「一定會成功」並繼續往前邁進呢？

讀小學時我曾看過飢餓的非洲孩童影片，大為震憾，因此一直在思考「該怎麼做才能讓世界和平呢？」我在二十多歲時，曾經參與過激進的環保活動，結果飽受批評，因而領悟到「批判並不能推動世界改變」。

隨著擁有平和意識的人越來越多，讓我們的生活周遭充斥著和平頻率的光子，地球也因為這些基本粒子而變得平和。正是因為這些頻率造成的物質化現象，也就是和平。所以，我們應該要不斷地增加擁有和平意識的人！這是我近40年來持續觀察如何讓世界保持和平所看到的的結果。

所幸如此，我現在才有機會接觸國會議員、天台宗的核心僧侶、國家機關和教育界的領袖、職棒教練和格鬥界的世界冠軍、演藝圈的相關人士等等，逐漸將我的想法傳遞給各個領域的專家。

我越來越覺得，來自零點場的能量不僅推動了這些人和我自己，也讓世界進入了一個真正的和平狀態。我真誠地希望你也能將日常的意圖集中在「活出自我」，過上充實且精彩的人生活上。

後記

事出必有意義

人的頻率是天生就決定好的嗎？

經常有人這樣問我。我在前面也談過了，但這個部分很重要，所以我稍微換個角度再說一次。

我認為我們天生都有固定的基本頻率。你擁有了塑造出你原形的光子，因此具有固定的頻率。這個頻率與你父母親的頻率相近，因為吸引力法則而結合在一起、塑造出符合這個頻率的肉體和大腦。

但是，基本粒子縹緲不定，會隨著平常自己釋放出的意識和情感而不斷地變化，會因為你觀測什麼、有什麼意念而改變。將這些合計起來就是「靈魂」。

我在大學空手道社裡認識一個朋友A，目前的工作是禮儀師。剛入行時，上司告訴她「有些大體會微笑，有些不會，妳要仔細觀察」。實際開始工作後，她發現那些不笑的大體，親屬都不願意伸手觸摸，而是雙臂交抱在胸前，或是愁容滿面。反之，會微笑的大體，則會有孫子呼喚「阿公謝謝你，我最喜歡你了～」並親暱地觸摸，還有阿嬤會低頭親吻大體。她因此領悟到，這就是生前的生活態度所造就的結局。

所以我猜想，如果一個人平常總是令家人生氣或痛苦，就會形成充滿憤怒或痛苦光子的肉體；如果總是帶給家人喜悅與愛情，則會形成充滿喜悅與愛情光子的肉體。我認為這些之所以全部呈現在遺容上，也是因為光子的能量物質化，才形塑出這樣的臉孔。我不是要教大家「不能生氣」，反而是要藉由頻率的下降和上升來加大頻寬。

頻寬大的人可以對上各式各樣的頻率，這也就是所謂的「肚量大的人」。這種人可以接受100Hz的人，也能配合1萬Hz的人。雖然這是我個人的想像，但耶穌基督和佛陀的頻寬應該都非常大，足以包容所有人、為眾人灌注「愛的頻率」。

頻寬大就代表可以在各種平行世界之間來去自如。希望大家可以記住這件事。

若各種頻率重疊、最終形成萬物皆可共鳴的「愛的Hz」的話，那是最棒的了。

現在，我有幸獲得一分值得感恩的重大機緣。

天天台宗的堀澤祖門先生閱讀了我的前一本書，並給了我機會與他見面。堀澤先生現年93歲，是天台宗中排名第二的尊貴人士。他以在戰後首次恢復並完成在比叡山延曆寺內被認為是最澄大師居住過的土院，進行「十二年籠山行」而聞名。

我有機會與堀澤師父談論量子力學的概念。談話結束後，堀澤師父說了一句令我意想不到的話。

「村松先生，這個概念將會改變全世界的佛教思想啊！」

「將科學融入信仰裡，可以解釋那些抽象的事象。這實在太驚人了。村松先生，讓我們一起改變世界吧。」

我聽了後渾身起雞皮疙瘩。

觀測世界和平

我是為了什麼才出生的？我應該要做什麼？

本書的讀者中應該有不少人都思考過這些問題。這也可以說是「天命」吧。人類的誕生是基於什麼使命呢？老實說我也不知道。就如同愛因斯坦只能用「上帝的意志」來比喻一樣，目前最先進的科學還無法回答這個問題。

不過，畢竟都誕生在這個世界上了，會想要達成某些目標也是人之常情。

我的目標是世界和平。雖然會有人取笑「世界和平？這目標未免也太大了吧」，但我是認真的。

這個目標起源於我在小學二年級看的影片。我看見畫面中的非洲孩童因為營養不良而導致腹部隆起、四肢卻骨瘦如柴的模樣，心想「他還能動嗎？」接著就馬上開始思考自己能為這個情況做些什麼。當我聽說非洲的黑幫分子會買嬰兒來摘取內臟兜售後，便下定決心要研發出價格低廉的人工內臟，於是考進了東京大學工學部。不過中途我又轉念想要改善地球環境，於是放棄念到一半的精密機械科，轉進了化學系統工學科。

東京大學畢業後，我繼承了父親的家業，但一切都不順利，還因此得了憂鬱症。

「這不是我要的人生」、「都是○○害我變成這樣的」、「我是個廢物」……這些在書中所提到的故事，其遭遇我幾乎都曾經經歷過。

人生不順遂，全都是自己釋放出的波動所造成的。

在我重新深入學習量子力學後，才察覺到這一點。我發現，僅僅是門在我學生時期所學習到的課程——量子力學，就可以解釋世界上的所有現象。

之所以能夠察覺到，果然還是因為我曾經有過「世界和平」的目標。

我在父親的工廠裡手指被機器夾住、幾乎要被利刃貫穿，雙手佈滿了傷痕，被工人無視，就算比別人更加認真工作也得不到認同。即便如此，我的內心仍有個角落渴望著「世界和平」。我想就是這個念頭把我連結到現在的平行世界裡。

如果我沒有在腦海裡想像「世界和平」的任務，我也許就會在父親的工廠關閉後跟著消失了吧。在這之後我所創立的開華塾，也可能會變成只是教授學習的英數補習班。

但因為我觀測了「世界和平」，才會轉移到那個頻帶，也才會有今天的成果。我能夠與剛才所提到的堀澤祖門師父、愛因斯坦的後代等各方人士會面，也是因為我置身在這個平行世界的緣故。

深入視座

學術研究正不斷地進步，並逐漸接近宇宙起源的謎團。與此同時，資訊也正在以無形的方式傳播，並逐漸實現物質化。曾發現愛滋病毒並因此獲得諾貝爾生理醫學獎的呂克・蒙塔尼耶（Luc Montagnier）博士，曾成功將DNA的電磁波資訊記錄在水中，並透過互聯網將資訊傳到另一個研究室。接收方將此資訊轉錄到水中，並從中重建了DNA。這意味著物質已經超越了空間的限制。

目前超越時間的技術仍尚未研發成功，但「時光機」在理論上是可能的。漫畫《哆啦A夢》、電影《魔鬼終結者》、連續劇《仁醫》這類科幻情節，將成為現實的日子也不遠了。

將這些不可能化為可能的，當然就是量子力學。

或許會有人覺得這本書根本是「異想天開」或「荒誕無稽」，這也在所難免。因為這就跟我前面反覆強調過的一樣，基本粒子具有目前常識無法解釋的性質。

然而，我們所處的現實環境不也同樣令人費解嗎？從粒子的角度來看，這種難以理解的狀況也就變得合情合理了。

我們究竟該如何來看待物質呢？例如：人的身體是要當成物質來看待？還是從細胞的層面來看？又或是從原子的角度來看？從基本粒子的來看？從更根本的「零點場」來看？人體會因為這些不同的觀看角度而呈現出截然不同的樣貌。

這種運用「深度」來觀察事物的行為，稱為「視座」。這樣的說法並不普遍，最接近它的詞彙是「視角」。視角是指觀看的角度，是看頭頂上、看臉部，還是看背部的意思。

可以的話，我希望大家都能深入「視座」來觀察事物。

深入視座來觀察，才能掌握到事物的本質。

每個人的意念會環環相扣

我經常告訴別人：「先看能量，再看現象」。

有位少年矯正學校的老師告訴我，在他將做壞事的少年的言行舉止當作「現象」加以警告時，那名少年還是依然故我。即使處罰他、強制矯正他的行為，總是沒多久又故態復萌。然而，當老師一觸及這名少年生命內部的波動後，他便馬上表示會悔過自新。原來他做壞事的背景，是因為他從小飽受虐待、在沒有人關愛的環境下長大。是這位老師加深視座，觀察現象內部的能量，才讓少年的生命開始綻放光芒、棄惡從良。

不知道各位有什麼感想呢？讀完本書以後有什麼改變嗎？

我長久以來都是用「否定自我」的眼光來看待世界。當時我感覺到「周遭的人都在責怪我」，我找不到容身之處。但就在我認識了零點場、從「發揮自我」的角度來看世界後，就能感受到「周遭的一切都對我付出了愛」。我可以坦然地相信，不論是痛苦還是悲傷，一切都是為了讓我活出自己、讓我有敏銳的覺察並成長茁壯。我的內心充滿了感謝之情。

好高興我太太願意對我說話，她好可愛，我真的好感謝；不管我在哪裡，她都會用充滿愛意的眼神注視著我。

只要改變視座，也就是改變觀測的方式，結果就會有一百八十度的轉變。

當你轉移了平行世界，就能做到形形色色的觀測。

比如：當你面對人際關係破裂的狀況時，你在低頻率的平行世界裡會採取「這是一種考驗，撐過去就好」的觀測方式，從現象面↓零點場的方向前進。但是，我們本來就置身於零點場。因此，可以想成：我偏離了愛與感謝，所以人際關係才會出現危機。這次的經驗告訴我，要觀察我自己的本質與對方的本質，再建立起聯結。如此，就能掀起高頻率的波動，使現象越來越好。如此，心靈才能常保穩定。

不論是什麼樣的人都會面臨「靈魂脫離肉體」的「死亡」。總有一天我也會邁入死亡的瞬間。我希望自己在離開人世時，能夠真心想著「我的人生真是太美好了，無怨無悔了，我已經散播了許多的歡樂了」。

但願本書能夠與各位讀者的本質能量產生共鳴，期望各位的觀測能從此獲得改變、穿梭在平行世界之間。

只要每個人都活在愛與感謝之中，地球的基本粒子波動就會逐漸化為愛與感謝。世界就會因此而改變。凝視對方或世界的「問題」所在，就等於是觀測著那裡。要觀測對方或世界最原始的美麗。相信我們每個人的觀測和意念都會讓對方或世界變得越來越美麗。

最後，我要感謝生育我的父母、與我一同成長的兄弟、隨時都願意當我心靈支柱的妻子、我的孩子們、每天都全力以赴為了推廣世界和平而前進的工作人員、「開華」的各位指導人員，以及和我的思想有共鳴、願意用愛與和平度日的全國倫理法人會的成員。另外還有願意提供經驗談的各方人士，儘管他們曾下定決心絕口不提的往事，也願意為了幫讀者獲得像他們現在所擁有的幸福，而願意全盤托出。這分深情著實令我動容，衷心感謝。

最重要的是各位讀者和我YouTube頻道的觀眾，託你們的福才會有現在的我，才會有「開華」。我們一起活出最美好的自己、一同向前邁進吧。

願大家都能度過幸福的人生。願世界和平。

二〇二二年八月吉日

村松大輔

[作者簡介]

村松大輔

一般社團法人開華GPE代表理事。1975年生於群馬縣。東京大學工學部畢業，曾任職於父親經營的金屬製造公司，但職涯不順，工作13年後罹患憂鬱症。後續在講座活動中學到善待自己，成功戰勝憂鬱症。2013年成立腦力開發學校「開華」，除了提升學生學力以外，也提倡學習要以量子力學為基礎、進行腦力開發。成效立竿見影，指導許多吊車尾的學生在5個科目中拿到學年第一。運動方面，也曾有學生成為日本擊劍國手、空手道個人組全國大賽選手、桌球全國大賽選手、東日本角力大賽冠軍等等，成績優異。之後，從小學到大學、企業的新人研習和幹部研習、企管人士參與的倫理法人會等等，各個單位的演講邀約接踵而至。在YouTube發布的講座影片播放次數創下550萬次紀錄，好評不斷，活動足跡拓展至日本各地。著有《「自分発振」で願いをかなえる方法》（sunmark出版）、《意念使用手冊：瞬間改變時間和空間的量子習慣》（圓神出版）、《すべてが用意されているゼロポイントフィールドにつながる生き方》（德間書店）等。

現象在一念之間改變
「量子力學式」平行世界的法則

出　　版／楓書坊文化出版社
地　　址／新北市板橋區信義路163巷3號10樓
郵政劃撥／19907596　楓書坊文化出版社
網　　址／www.maplebook.com.tw
電　　話／02-2957-6096
傳　　真／02-2957-6435
作　　者／村松大輔
翻　　譯／陳聖怡
責任編輯／陳鴻銘
內文排版／洪浩剛
港澳經銷／泛華發行代理有限公司
定　　價／350元
出版日期／2024年3月

國家圖書館出版品預行編目資料

現象在一念之間改變「量子力學式」平行世界的法則 / 村松大輔作 ; 陳聖怡譯. -- 初版. -- 新北市 : 楓書坊文化出版社, 2024.03　面；　公分
ISBN 978-986-377-950-6（平裝）
1. 量子力學 2. 物理學 3. 通俗作品
331.3　　113000649